第一本扣合中小學自然課綱的氣象百科！

天氣風險管理開發公司——文

陳彥伶——圖

天氣 100 問

最強圖解 ╳ 超酷實驗

破解一百個不可思議的

氣・象・祕・密

作者序

為臺灣的複雜多變的
天氣現象留下記錄

在所有科學領域當中，氣象科學是最能引起多數人共鳴，也是孩子在學習科學的歷程中，最容易引發興趣的項目，原因就在於氣象科學與所有人的生活習習相關，是一種可以「被經驗到」的科學。所以，很多孩子從小就會本能的觀察到雲的形狀、晴天、下雨、颱風和冷熱的變化，同時也萌生出許許多多的疑問。

我的兩個女兒在成長過程中常問我：「為什麼會有彩虹？」、「為什麼臺灣夏天有這麼多颱風？」、「全球暖化是真的還是假的？」、「為什麼氣象主播會預報天氣？」雖然自己身為氣象領域的專家，卻發現要運用簡單的語言解釋這些天氣現象並不容易。有時我也忍不住會想：「如果這件事對我來說都這麼困難了，那其他家長該怎麼辦？他們是如何為孩子解惑的呢？」

其實，臺灣的童書市場中，並不欠缺與天氣主題相關的百科書，但在幫女兒挑選與氣象科學相關的橋梁書時，我卻意外發現，這些氣象百科竟然多是翻譯書，欠缺臺灣本土的觀點，只能回答孩子基礎的天氣問題，卻連「為什麼夏天常會下午後雷陣雨？」都無法為他們解答。

也因此「如果臺灣也有一本自製的氣象百科書該有多好！」，這個想法一直放在我的心裡。後來過了好多年，女兒漸漸長大，我也因為經營忙碌的天氣產業而忘了這件事，直到接到親子天下兒童產品事業部主編林欣靜的邀約。

當仁不讓接下重任

事實上，製作氣象百科對公司經營來說是個不小的挑戰，一來是我們都不熟悉童書的寫作和製作方式，二來必須投入極大的人力資源，且獲得的收益相對不高。然而，親子天下希望從氣象教育的立場，為臺灣的孩子留下一本「具有本土天氣特色的氣象百科」。這樣的熱情，讓我想起自己當年的初衷，因此決心投入。

我們整整花了一年半的時間，蒐集資料，將複雜難懂的原理，改寫成淺顯易懂的文字及圖解，其間遇到許多困難，但終於一一克服。除了藉由回應中小學生最想知道的一百個天氣問題，來為孩子介紹日常、在地天氣乃至全球氣候變遷等重要的議題，書中也穿插了「天氣小實驗」、「天氣小知識」、「天氣小故事」等單元，孩子不但能自己「重建天氣現象」，也可學到許多跨領域的知識。親子天下編輯甚至特別整理了「十二年國教自然課綱的對應表」，讓書中的主題與學習內容更能扣連，我很有信心，這將是坊間難得一見的氣象百科。

在我擔任氣象主播，在電視上和大家講解天氣時，證嚴法師曾和我說，氣象播報在日常生活很重要，但不是只給年輕人看的，要顧及到家中的長輩，阿公阿嬤如果聽得懂氣象，可以多給家裡人的噓寒問暖，聊天氣是一個很好的主題。也因此，我們的氣象比較口語容易懂，科學的轉譯很有經驗，是本書很重要的精神；而我也發現，臺灣成年人可能工作過於繁重，對於環境科普知識，大約就是停留在中小學時期，更需要一起溫故知新。

喜歡氣象，不見得以後要當氣象主播，卻是打開世界的第一扇窗，而全球暖化下，小朋友長大後的氣候也會和現在不同，更需要有充足的知識來面對。希望藉由這本書，能幫助更多臺灣的孩子了解天氣、愛上氣象科學，也期待它未來能成為學校自然課以外最佳的課外知識補充讀物。

彭啟明
天氣風險管理開發公司總經理、大愛電視臺
氣象主播、國立中央大學兼任助理教授

目錄

日常生活中的天氣現象   Q1 ···· Q35 ··········

與四季有關的天氣現象　Q36 ···· Q49 ·········

令人害怕的天氣現象　Q50 ···· Q70 ·········

天氣預報怎麼做　Q71 ···· Q81 ··········

怎麼使用這本書？

這本書會解答所有你想知道的天氣疑問，還會告訴你有趣的天氣典故及小常識，並設計簡單又生活化的「天氣小實驗」，讓你從實做中體驗氣象科學的奧祕。

科學的六大主題

由淺入深，涵括氣象科學的最有趣也最重要六大主題。

 日常生活中的天氣現象

 與四季有關的天氣現象

 令人害怕的天氣現象

 天氣預報怎麼做

 空氣污染與天氣變化

 長期變化中的天氣現象

實驗時的注意事項 天氣小實驗

① 有時候可能無法做一次就成功，別放棄，多試幾次就會成功。

② 使用到剪刀、刀片、熱水及電力的實驗，操作時一定要有大人陪同，避免危險。

1 Q＋數字＋問題
這一頁想跟孩子一起探討的天氣現象。

2 A
簡單扼要的解答。

3 解答的說明
更清楚的說明解答，同時也告訴你更多相關的天氣知識。

4 圖解・圖表與照片
以圖像化的資訊，幫助了解天氣現象的成因與影響。

5 天氣小實驗
與這一系列天氣問題相關的實驗，透過容易取得的器材和簡單的實驗步驟，帶領你自行模擬類似的天氣現象。

我們會帶領大家一起去認識有趣的天氣現象喔～

大氣　　**風媽**　　**小天**

Q9 為什麼有些雲看起來黑黑的，有些白白的？

A 跟陽光是否能穿透雲層有關。

☀ 陽光照耀之下，雲朵會被照得又亮又白，但如果雲層太濃密，陽光無法穿透雲層，看到的雲就會是灰灰黑黑的。

晴天時藍天白雲

陰天時雲變灰黑

Q10 為什麼中午過後雲常常會變多呢？

A 因為從地面蒸發到天空中的水氣變多了。

☀ 一天當中通常是中午的時候氣溫最高，氣溫升高會讓更多水氣蒸發到天空，雲就會愈來愈多，這種現象通常在夏天午後最明顯。

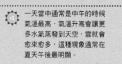

小水滴

水氣

Q11 為什麼每次天空的雲一變多，不久後就會下雨了呢？

A 因為雲裡面的小水滴也跟著變多又變重，最後就掉下來變成雨。

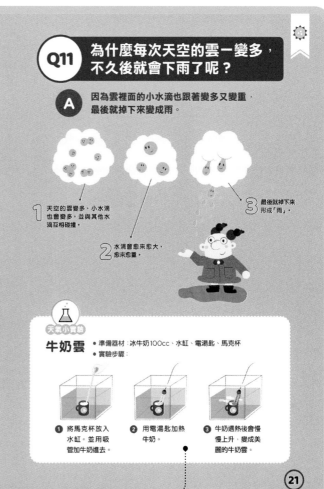

1 天空的雲變多，小水滴也會變多，並與其他水滴互相碰撞。

2 水滴會愈來愈大、愈來愈重。

3 最後就掉下來形成「雨」。

🧪 **天氣小實驗**

牛奶雲　　準備器材：冰牛奶100cc、水缸、電湯匙、馬克杯

實驗步驟：

1 將馬克杯放入水缸。並用吸管加牛奶進去。

2 用電湯匙加熱牛奶。

3 牛奶遇熱後會慢慢上升，變成美麗的牛奶雲。

天氣100問

日常生活中的
天氣現象

下雨了我們得撐傘，

打雷了最好躲進屋子裡，

隨著氣溫變化，

我們得調整自己的穿著……

這些看似尋常的天氣現象，

為什麼會出現？

又隱藏著什麼樣的祕密呢？

Q1 為什麼天空是藍色的？

A 因為太陽光裡的藍色光線會在大氣層四處擴散。

 利用玻璃做成的「**稜鏡**」來看**陽光**，會發現看起來好像沒有顏色的陽光，其實可以分出**紅、橙、黃、綠、藍、靛、紫**等多種顏色。

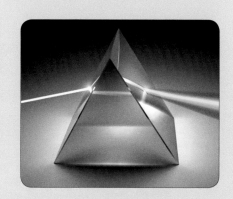

包圍地球的大氣層，布滿著細微粒子和灰塵，會吸收陽光裡的**藍色光線**，並改變藍色光線的行進方向。

被改變方向的**藍色光線**，會在大氣層裡**四處擴散**，所以天空才會看起來是**藍色**的。

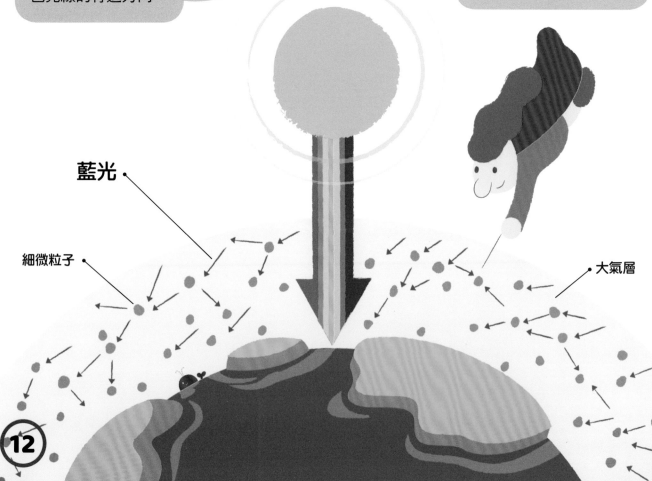

藍光

細微粒子

大氣層

Q2 快下雨時，為什麼天空會變黑？

A 因為天空的雲太多，把太陽光遮住了。

要下雨前，天空的雲通常會變多，把太陽的光線都遮住了，所以天空當然會變黑。

Q3 為什麼黃昏時的天空會變成紅色的？

A 因為太陽的位置改變了，只有穿透力強的紅光才有辦法穿過厚厚的大氣層。

黃昏時，太陽的角度比較斜，光線穿越大氣層的距離也變得比較長。藍色光的穿透性不佳，沒辦法傳那麼遠。

但紅色光的**穿透性很強**，即使很遠的地方也看得到，所以黃昏天空才會看起來是**橘紅色的**。

Q4 下過雨後，為什麼天空會出現漂亮的彩虹？

A 因為陽光通過空氣中的小水滴，光線被折射又反射，分離出本來的多種顏色。

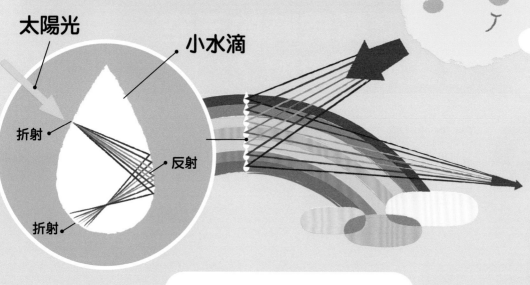

太陽光

小水滴

折射

反射

折射

下過雨後，空氣中的水氣變多了，這些水氣都是小小的水滴，當太陽光通過這些水滴時會被**折射**，分離出本來的**紅**、**橙**、**黃**、**綠**、**藍**、**靛**、**紫**等多種顏色，形成我們看到的**彩虹**。

Q5 為什麼有時候會出現兩道彩虹？

A 因為水滴把光線反射了兩次，所以才會出現稱為「霓」的第二道彩紅。

虹

霓

「霓」是彩虹的反射，顏色會比彩虹淡，排列順序也跟彩虹相反，所以紫色會在最上方、紅色反而在下方。

天氣小實驗

噴霧彩虹

● 準備器材：噴霧罐一個
● 實驗步驟：找一個有陽光的好天氣，背對著太陽朝前方噴水，就能看到美麗的彩虹囉！

Q6 為什麼太陽或月亮旁邊，有時候也會看到一圈彩虹？

 因為陽光或月光通過雲裡的小冰晶而形成，稱為「日暈」及「月暈」。

太陽或月亮附近有時會有較高的雲層，裡面會有一些微小的冰塊，稱為「**冰晶**」。

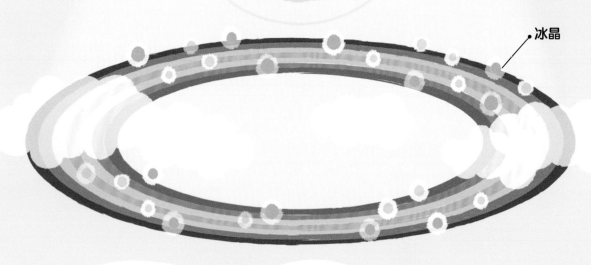

冰晶

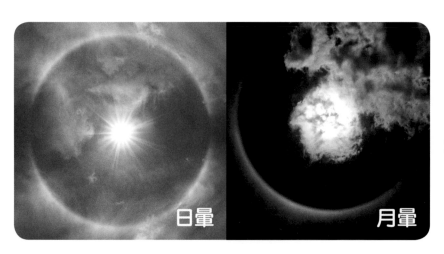

日暈

月暈

 光線通過冰晶時會被折射分離出不同顏色，產生如彩虹的「日暈」或「月暈」。

Q7 為什麼天空會有雲？

A 高空中的小水滴和小冰晶聚集在一起，就變成了雲。

 地球表面有很多水，例如海洋、河川、湖泊、森林、溼潤的土壤，甚至是剛洗好的衣服都充滿水分，**雲就是這些水變成的。**

1 地面上的水，受到太陽加熱後會往上升，形成水氣。

2 由於高空的溫度比較低，水氣遇冷會凝結成小水滴或小冰晶。

3 小水滴和小冰晶愈來愈多，就變成我們看到的雲。

→ 雲

小冰晶

小水滴

水氣

水

Q8 為什麼雲有這麼多的形狀呢？

A 當雲位於空中的不同高度，就會出現不同形狀的變化。

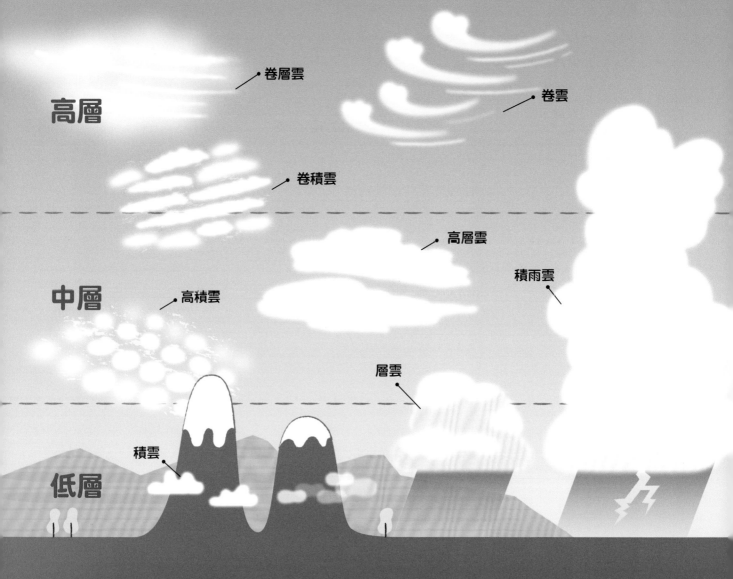

高層

- 卷層雲
- 卷雲
- 卷積雲

中層

- 高層雲
- 高積雲
- 積雨雲

低層

- 層雲
- 積雲

雲的種類很多，一般來說，雲出現在空中的位置，就決定了它的形狀。天空中，通常會同時存在好幾種不同的雲。

 例如高空中風很大，雲常常是一絲絲的「卷雲」、浮在半空中則是一團一團的「積雲」，低空中則常見一大片的「層雲」。

卷雲
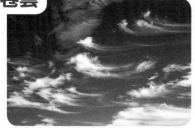
像羽毛般一絲一絲的，高度很高，好天氣會出現。

卷層雲

像掛在高空中的白色絲巾，水氣較多，容易形成日暈。

卷積雲

像很多小片的魚鱗，又叫「魚鱗天」，代表天氣可能要變差了。

高層雲

跟卷層雲比起來高度較低，雲層也較厚，代表不久後可能會下雨。

一起來觀察

常見10種雲

雨層雲

又厚又黑的灰黑色雲層，代表天氣極不穩定，很快就要下雨。

層積雲

冬天常見的雲，看起來呈暗黑色，卻不會真的帶來雨水。

積雨雲

外型像巨大的花椰菜，不久後會降下大雷雨，夏天時很容易看到。

積雲

像一朵一朵的棉花糖，夏天常見到，也有機會發展成積雨雲。

高積雲

像波浪般在天空排列，與卷積雲比起來雲層較厚，有可能會下雨。

層雲
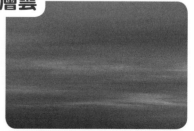
一大片灰白色的雲，像抹布般蓋住天空，有時會帶來毛毛雨。

Q9 為什麼有些雲看起來黑黑的，有些白白的？

A 跟陽光是否能穿透雲層有關。

 陽光照耀之下，雲朵會被照得又亮又白，但如果雲層太濃密，陽光無法穿透雲層，看到的雲就會是灰灰黑黑的。

晴天時藍天白雲

陰天時雲變灰黑

Q10 為什麼中午過後雲常常會變多呢？

A 因為從地面蒸發到天空中的水氣變多了。

 一天當中通常是中午的時候氣溫最高，氣溫升高會讓更多水氣蒸發到天空，雲就會愈來愈多，這種現象通常在夏天午後最明顯。

小水滴

水氣

Q11 為什麼每次天空的雲一變多，不久後就會下雨了呢？

A 因為雲裡面的小水滴也跟著變多又變重，最後就掉下來變成雨。

1 天空的雲變多，小水滴也會變多，並與其他水滴互相碰撞。

2 水滴會愈來愈大、愈來愈重。

3 最後就掉下來形成「雨」。

天氣小實驗

牛奶雲

- 準備器材：冰牛奶100cc、水缸、電湯匙、馬克杯
- 實驗步驟：

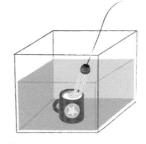
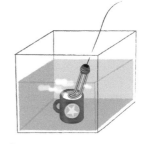

1 將馬克杯放入水缸。並用吸管加牛奶進去。

2 用電湯匙加熱牛奶。

3 牛奶遇熱後會慢慢上升，變成美麗的牛奶雲。

Q12 氣溫是怎麼量出來的呢？

 利用熱脹冷縮的原理就能測量溫度。

 無論是氣體、液體或是固體，都會出現「**熱脹冷縮**」的現象，傳統的溫度計會利用水銀或染成紅色的酒精來測量溫度。

 一般溫度計通常有兩種測量氣溫的單位，一種是我們常用的**攝氏溫度（℃）**、另一種是美國常用的**華氏溫度（℉）**。

天氣熱時，紅色酒精會受熱膨脹而上升，對應氣溫約33℃。

天氣冷時，紅色酒精會收縮下降，對應氣溫約零下20℃。

Q13 為什麼氣溫高就會覺得熱、氣溫低就會覺得冷？

A 只要氣溫接近我們的體溫就會覺得熱；反之就會覺得冷。

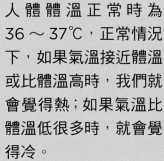

人體體溫正常時為 36～37℃，正常情況下，如果氣溫接近體溫或比體溫高時，我們就會覺得熱；如果氣溫比體溫低很多時，就會覺得冷。

36℃

-10℃

天氣小實驗

自製溫度計

- 準備器材：透明玻璃瓶、吸管、紅色顏料、熱水和冰水
- 實驗步驟：

① 在透明玻璃瓶注滿加入紅色顏料的水，再放入透明吸管，並在背後貼一張標明刻度的紙，最後用黏土封住瓶口，溫度計就完成了。

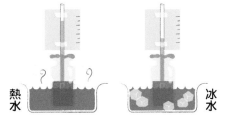

熱水 （水位上升） （水位下降） 冰水

② 將自製溫度計放入不同溫度的水中，觀察吸管的水位變化。

為什麼白天比較熱、晚上比較涼？

A 因為白天時地球面向太陽，夜晚時背向太陽。

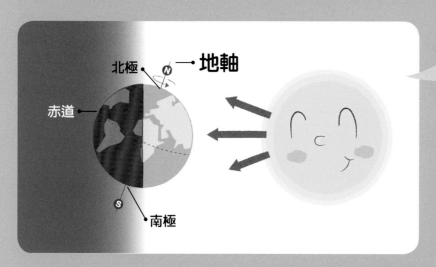

北極 地軸
赤道
南極

地球不停的**西向東自轉**，每自轉一圈為一天。所以地球總是**一半對著太陽、即白天**；另外一半背向太陽、即黑夜。

 白天時太陽會提供地球光與熱；到了夜晚少了陽光加熱，溫度就會下降。

 Q15

為什麼天氣很熱時，吹電風扇會覺得很涼快呢？

A 因為風帶走了我們身上的汗水和熱量。

我們身體感到很熱時會流汗，只有汗水蒸發時帶走身體的熱量，才會覺得涼爽。而電風扇的風，會加速汗水蒸發，讓我們覺得比較舒服。

Q16 為什麼山上都比山下冷？

A 山上的空氣比較稀薄，吸收的太陽熱能也變少，所以才會比較冷。

 大氣中有許多會**吸收太陽熱能**的**空氣分子**，如**水氣**或**二氧化碳**等。由於**地球引力**的關係，這些空氣分子大多集中在**平地**。

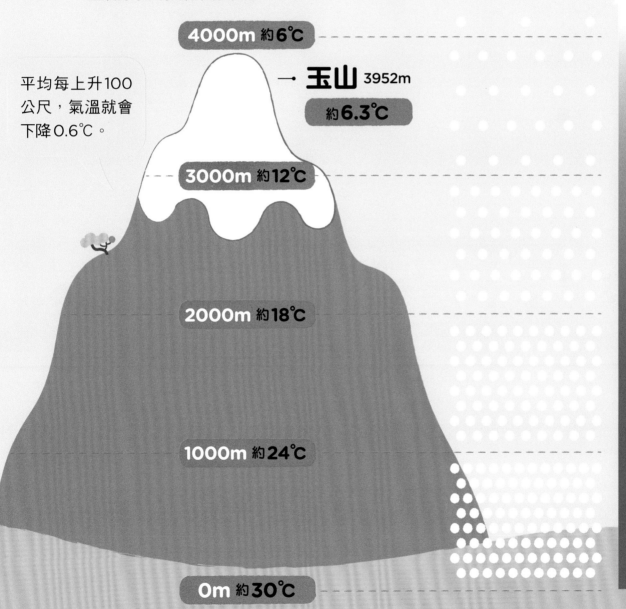

空氣分子

低

4000m 約6℃

平均每上升100公尺，氣溫就會下降0.6℃。

玉山 3952m

約6.3℃

3000m 約12℃

2000m 約18℃

空氣密度

1000m 約24℃

0m 約30℃

高

平地空氣分子較多，能吸收多一點的太陽熱能；但高山上的空氣分子較少，吸收的太陽熱能會變少，就會感覺比較冷。

Q17 為什麼有時候覺得會身體溼溼黏黏，衣服也很不容易乾呢？

A 因為空氣中的水氣很多、溼度很高。

當溼度很高時，新的水氣就不容易蒸發至空氣中，所以汗水和晾的衣服，都不容易乾。

在氣象上，我們以「**溼度**」來形容**空氣中的水氣**。水氣多、溼度高；水氣少，溼度就低。

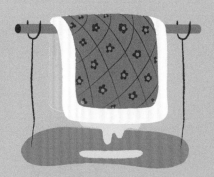

Q18 為什麼很潮溼的時候，連家裡的牆壁都會「流汗」呢？

A 當暖溼的風吹進屋裡，碰到冰涼的牆壁，就容易凝結成小水滴。

每年5、6月的梅雨季，臺灣很潮溼，常有溫暖又富含水氣的南風吹拂。

當暖溼的風碰到冰涼的牆壁或地板，會凝結成小水滴，像是在流汗一樣，這種現象稱為「反潮」或「透南風」（閩南語）。

小水滴

暖溼的風

Q19 為什麼會有霧呢？

A 當懸浮在地面空氣中的小水滴變多了，就會「起霧」。

霧和雲一樣，都是**水氣遇冷凝結成小水滴**造成的現象。

這裡霧好濃！

雲漂浮在天空中，而霧靠近地面，就像是有人在山上遇到白茫茫的濃霧，但在山腳下的人往山上看，只會覺得山上雲變多了！

山上雲好多！

Q20 什麼時候比較容易起霧呢？

A 溫差大、水氣多的地方就容易起霧。

臺灣西半部2～4月早晚偏冷，卻有從海面傳送來的暖溼水氣，所以容易凝結成小水滴而起霧。

山區早晚也很容易起霧。

春天清晨籠罩在霧中的臺北101。

Q21 為什麼會下雨呢？

A 因為在雲裡形成的冰晶融化成水滴掉落下來。

- 小水滴
- 小冰晶
- 結合成大冰晶
- 大冰晶融化成水滴
- 雨

高空的溫度很低，有時會將雲裡面小水滴凍成小冰晶；當小水滴或小冰晶愈來愈多，就有可能結合成更大的冰晶，最後就會因為重量太重而掉落下來。

雲裡的冰晶掉落地面時，會因溫度升高融化成水滴，就是我們看到的「下雨」。

Q22 為什麼天氣很冷時就會下雪呢？

A 因為溫度太低，雲裡的冰晶沒有融化成水滴而直接掉落地面。

≦0℃

- 冰晶
- 雪的結晶因吸收更多水氣而漸漸變大
- 雪

雪跟雨的成因相同，差別只在環境溫度不一樣。當天氣很冷，溫度低於或接近0℃時，雲中的冰晶掉落時不會融化成水滴，而會直接飄落到地面，就是「下雪」了！

Q23 為什麼有時候天空會降下冰塊呢？

A 因為雲裡的冰晶重覆多次結冰的過程才掉落地面。

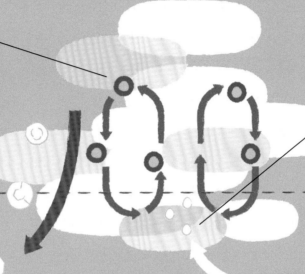

2 冰晶反覆結冰不斷變大

1 融化的雨滴被上升氣流推往高空會再度結冰

上升氣流

3 最後形成「冰雹」落下

冰雹

天空中降下的冰塊稱為「冰雹」。當積雨雲裡的對流很旺盛，如夏季強烈的午後雷陣雨，高空的冰晶會在掉落時先融化，之後又被強烈的上升氣流推到高空中而再度結冰。

 當冰晶反覆結冰會愈變愈大，最後會因太重而掉落地面，形成我們看到的「冰雹」。

像同心圓的紋路

由於冰雹是冰晶反覆融化再結冰，所以外觀常有一圈圈明顯的紋路。

Q24 臺灣一年會下多少雨呢？

A 臺灣一年平均會下 2515 毫米的雨量，夏天時的降雨最多。

 通常每年5～9月為臺灣的雨季，其中5～6月為**梅雨季**、7～9月為**颱風季**，約占了整年雨量的6成。

 山區又比平地多雨，例如累積雨量最多的阿里山測站，年雨量可達3932毫米，但山下的嘉義測站年雨量只剩下1774毫米。

逐年雨量氣候平均值之變化圖（1981～2010年）

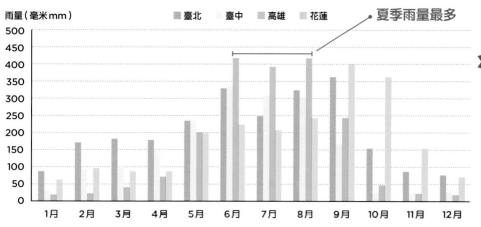

雨量（毫米mm）　■臺北　■臺中　■高雄　■花蓮　　夏季雨量最多

 Q25 為什麼山上比較容易下雨呢？

A 因為水氣會沿著山坡往上爬，更快到達高空凝結成雨。

 由於山上的溫度比較低，當暖溼空氣沿著**迎風面**的山坡往上爬，就會特別容易凝結成小水滴而下雨。

 2 水氣上升成雲降雨

1 暖溼空氣往陸地吹

就算山下是好天氣，山上也常常烏雲密布甚至下大雨，因此山區的天氣比平地更難預測。

Q26 如果很久不下雨，我們有辦法自己製造雨水嗎？

A 如果空氣中的水氣充足，就可以試著進行「人工增雨」。

空氣中一定要有充足的水氣，才有辦法利用人工方法來「增加雨量」。如果空氣中水氣不夠，就無法進行。

冰晶

小水滴凝結成雨滴

通常科學家會在地面上燃燒**碘化銀**，或利用飛機在雲層上施放**乾冰**，幫助雲層裡的小水滴凝結成雨。成功的人造雨大約可**增加10～15%**的雨量。

碘化銀

天氣小實驗

自製雨滴

- 準備器材：透明玻璃杯、墊板、熱水、冰塊一袋
- 實驗步驟：

❶ 將透明玻璃杯裝入熱水。

❷ 用墊板將杯口蓋上，並將冰塊放到墊板上。

❸ 熱水的蒸氣會上升，遇到冰墊板就會凝結成小水滴；當水滴變大、變重就會像雨滴一樣掉下來。

 **為什麼夏天下大雨前，
常會出現可怕的閃電呢？**

 因為巨型積雨雲產生的大量
電荷，會往地面釋放，形成
打雷和閃電。

1 夏天由於氣溫高，
水氣蒸發後會快
速衝上天空，並
形成像花椰菜般
的巨型積雨雲，這
個過程稱為「熱對
流」。

2 積雨雲內有許多
小水滴跟小冰晶，
會不斷翻滾、摩擦
而產生大量電荷。

3 最後就會往地面
釋放強烈的電
流，並形成強
光，就是我們看
到的「閃電」。

電荷

冰晶

水滴

雨

閃電

水氣

上升
氣流

Q28 為什麼總是先看到閃電才聽到雷聲？

A 因為聲音跑得比光慢。

閃電與打雷是同時發生的，但因為**光一秒能跑30萬公里**，但**聲音一秒只能跑340公尺**，所以我們才會先看到閃電才聽到雷聲。

如果閃電的位置離我們1000公尺，當閃電發生時我們幾乎同時會看到強光，但大約隔3秒鐘才能聽到雷聲。

轟轟！

Q29 打雷閃電時該怎麼辦？

A 遠離空曠的地方、盡快躲進室內，也要避免使用電子用品。

 閃電是強大的**電流**，許多森林火災就是閃電引起的；人如果不幸被電擊到，也會有生命危險，一定要避免成為閃電的目標！

1 遠離電線桿或樹木

2 遠離空曠處

3 不要使用電子用品

4 人在戶外時，盡量抱頭屈膝、壓低身體

Q30 為什麼會有風？

A 當兩個緊鄰地方的空氣溫度不一樣，就有機會因空氣的流動而形成風。

熱空氣
往窗外飄

冷空氣
吹進室內

風就是「**空氣的流動**」，通常只要兩個緊鄰地方的空氣溫度不一樣，就有機會因空氣的流動而形成風。

例如，在浴室泡澡時，如果把窗戶打開，浴室裡的熱空氣會往上、往外飄；但窗外的冷空氣則會進入屋內，這個空氣流動的過程就產生了「**風**」。

天氣小實驗

自製風速計

● 準備器材：紙杯四個、吸管兩支、有橡皮擦的鉛筆一支、膠帶、大頭針一個

● 實驗步驟：

1 用鉛筆將在每個紙杯上搓一個洞。

2 將吸管兩端接上紙杯，並將兩支吸管交叉成十字，用膠帶黏貼固定。

3 利用大頭針將吸管與鉛筆固定住，風速計就完成囉！

4 可將風速計放到電風扇前面，調整不同風速，風速愈強風速計就會轉得愈快。

Q31 為什麼白天時去海邊，常會覺得「風很大」呢？

A 因為陸地的空氣被太陽加熱了，來自海洋的冷空氣就會往陸地吹。

 熱空氣比冷空氣輕得多，像熱氣球就是因為內部有加熱器，讓氣球裡的空氣變熱又變輕，所以熱氣球才能飄起來。

白天時，太陽加熱地表，陸地會比海水熱，因此陸地上的空氣就會變熱、變輕而往上升，使得陸地上的空氣變少了。

此時海面上的空氣就會往陸地上移動，因此白天在海邊常常能感覺到從海洋往陸地方向吹的「**海風**」。

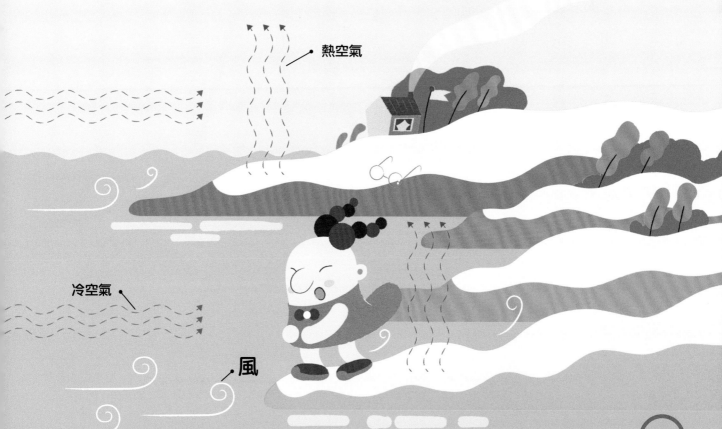

熱空氣

冷空氣

風

Q32 聽說有一種很熱的風叫做「焚風」，它是會燃燒的風嗎？

 A 焚風很容易在山的背風面出現，這種風相當乾燥又熱，所以才叫做「焚風」。

 當有非常強烈、足以越過山脈的風（氣流），會將暖溼的空氣往山上帶，在空氣爬山的過程中，空氣裡的水氣也會在山的迎風面凝結成雲或是雨。

 當空氣越過山脈來到背風面時，會變得又乾又熱，形成**焚風**。

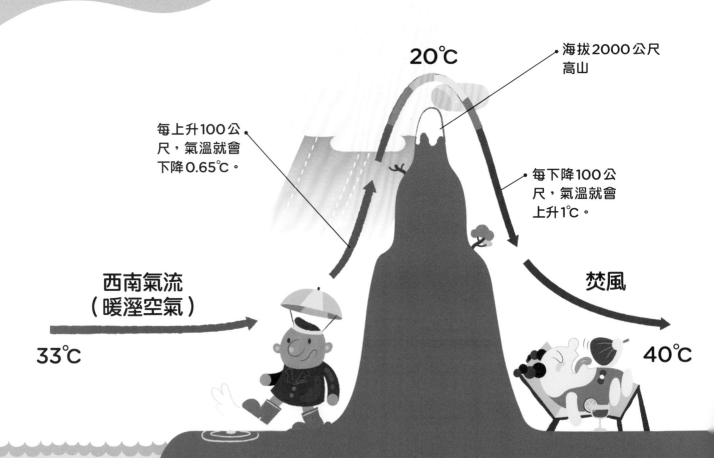

每上升100公尺，氣溫就會下降0.65℃。

20℃

海拔2000公尺高山

每下降100公尺，氣溫就會上升1℃。

焚風

西南氣流（暖溼空氣）

33℃

40℃

臺灣最常出現焚風的地點就是臺東，當颳起焚風時，臺東的氣溫就會迅速升高至39～40℃。

註：氣團爬升溫度下降的幅度稍大（一般空氣柱為每升高100公尺下降0.6℃）。

Q33 聽説恆春有一種奇怪的風叫「落山風」，那是什麼風呢？

A 落山風為臺灣南部一種的特殊天氣現象。

由於中央山脈到了屏東恆春半島，高度會下降至400～1000公尺，所以冬季又冷又重的東北季風就有機會越過山脈，吹向恆春半島西岸的枋山、楓港至恆春等地，稱為「**落山風**」。

 落山風的風速非常強，甚至不輸給輕度颱風帶來的強陣風呢！

落山風

 天氣小知識

落山風與洋蔥的祕密

屏東產的洋蔥又大又甜，美味的祕密就來自落山風。因為落山風非常強勁，會把洋蔥的蔥葉吹倒，迫使它只能把養分儲存在地下球莖，所以才能讓這裡的洋蔥變得超好吃！

Q34 為什麼每次去山上玩時，零食袋常會鼓成好大一包呢？

A 因為山上的氣壓比山下低，所以原本密封的零食袋才會膨脹起來。

 我們每天呼吸的空氣是有重量的，稱為「**大氣壓力**」，也叫做「**氣壓**」。

通常地勢愈低的地方，承受的空氣重量愈重，氣壓也比較高；愈往高處走，空氣較稀薄，承受空氣的重量變輕，氣壓就會變低。

空氣

空氣

耳朵好痛！

山上氣壓較低

平地氣壓較高

人體內部也會承受大氣壓力，平常與外界氣壓維持平衡而沒有感覺，但一到山上有時會覺得耳朵刺痛，就是因為氣壓改變，還沒調適所造成。

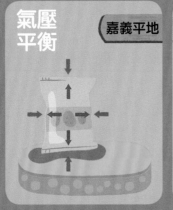

氣壓平衡　嘉義平地

阿里山上　氣壓不平衡　高　低

原本密封的零食袋，從平地嘉義帶到海拔2200公尺的阿里山上會膨脹起來，也是因為山上的氣壓變低了，但密封的袋子裡仍維持跟平地一樣高的氣壓，所以袋子裡的壓力會往外推擠，才讓袋子膨脹起來，有時甚至會爆開呢！

Q35 常常聽到「高氣壓」、「低氣壓」，跟天氣有什麼關係呢？

A 高氣壓籠罩時，通常是晴朗的好天氣；但低氣壓來臨時，通常代表天氣要變差了。

 水會從高處往低處流，空氣也是一樣，會從氣壓比較高的地方，吹往氣壓比較低的地方，所以**氣壓高低就會影響天氣變化**。

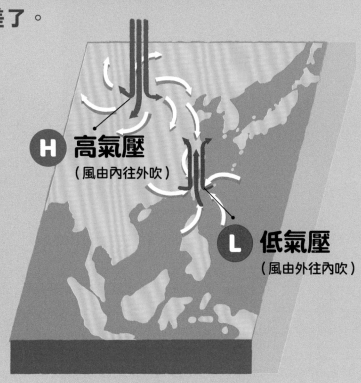

H 高氣壓（風由內往外吹）

L 低氣壓（風由外往內吹）

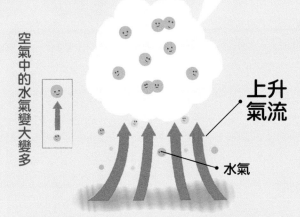

低氣壓接近天氣會轉差

上升氣流

水氣

空氣中的水氣變大變多

「低氣壓」的中心氣壓比周圍環境低，靠近地面的暖空氣會不斷往內吹，形成「上升氣流」。上升氣流中有許多小水滴，在往上升的過程會慢慢變成大水滴，所以上空雲會變多，天氣也會變差。

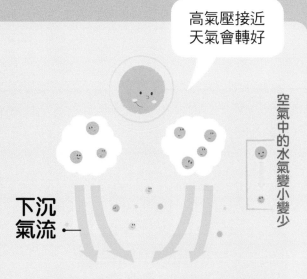

高氣壓接近天氣會轉好

下沉氣流

空氣中的水氣變小變少

「高氣壓」的中心氣壓比周圍環境高，靠近地面的空氣會不斷向外吹出，上空的空氣則因為要往地面補充而產生「下沉氣流」，所以水氣和雲都會變少，天氣也會變好。

39

與四季有關的天氣現象

春暖、夏熱、秋涼、冬冷，
除了氣溫、風向、雨量變化，
還有空氣中的溼度，
和日照時間的長短，
都會受到季節改變的影響，
四季到底還透露著哪些
有趣的天氣訊息呢？

Q36 為什麼會有春夏秋冬四季的變化？

A 因為地球是斜斜的繞著太陽轉，陽光直射地球的位置會不斷改變而形成四季。

 當我們正對著爐火時，會感覺特別熱；但離得遠時，就不那麼熱了。當**太陽直射北半球**時，北半球會變熱而形成**夏天**，但接收太陽能量較少的**南半球**，則會形成寒冷的**冬天**。反之，當**太陽直射南半球**，就是**南半球**的**夏天**、**北半球**的**冬天**。

而當**太陽直射**在地球正中央的**赤道**時，南北半球接收到的太陽能量差不多，會分別形成不冷也不熱的**春天**或**秋天**。

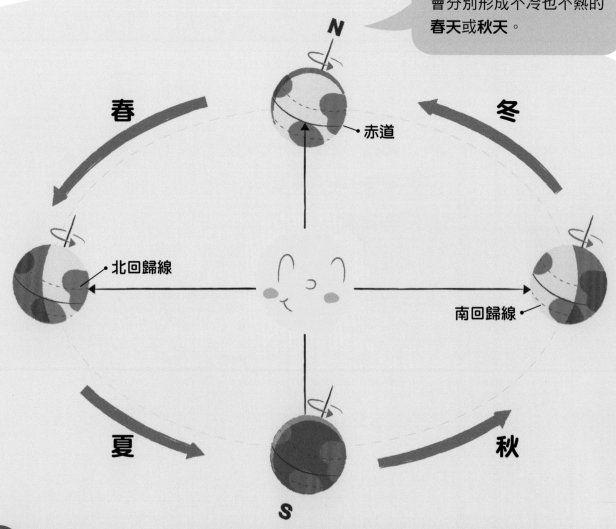

Q37 為什麼夏天和冬天的白天長度不一樣呢？

A 因為夏天時，我們所居住的北半球照射到陽光的時間變長了，但冬天時卻剛好相反。

夏天時，陽光直射北半球，照射到太陽的時間變長了！所以會「**晝長夜短**」，一天當中白天較長，夜晚較短。冬天時陽光直射南半球，北半球照射到太陽的時間就變短了，所以會「**晝短夜長**」，一天當中白天較短，夜晚較長。

由於地球是傾斜繞著太陽轉，所以愈往高緯度的地方，夏天的白天長度就愈長，在北極圈內，甚至都不會天黑，稱為「**永晝**」。

夏天時，位處北極圈內、北歐挪威的北角，即使已經接近午夜十二點，但太陽仍然還沒有下山喔！

Q38 為什麼臺灣的夏天很潮溼又悶熱，冬天卻又不太冷呢？

A 因為臺灣的位置比較南邊，夏天時籠罩著暖溼空氣，冬天時受到強冷氣團的影響又很有限。

臺灣東邊是太平洋，夏天時會受太平洋高壓籠罩，帶來海洋溫暖又潮溼的空氣，因此夏季總是相當潮溼悶熱。

太平洋高壓

Q39 聽說有種風叫季風，它跟季節變化有關嗎？

A 風向會跟著季節轉換而產生規律變化的風，就稱為「季風」。

夏天時，陸地比較熱、海洋比較冷，風通常會由海洋吹向陸地。到了冬天，海洋比較溫暖，陸地比較冷，風就會改由陸地吹向海洋。這種隨季節大規模轉變方向的風就稱為「季風」。

夏季季風

大陸冷氣團

冬天時，臺灣會受到從歐亞大陸來的**冷氣團**影響。但是，臺灣比較南邊，位於冷氣團的邊緣，當冷空氣到達時已經減弱許多，所以**冬天時臺灣平地鮮少出現10℃以下的低溫**，更別說是下雪了。

臺灣冬天平均溫度在16～20℃間，有時甚至還會出現逼近30℃的高溫。

冬季季風

全球季風區的分布範圍主要集中在廣大的**熱帶地區**，如夏季的西南季風可以從遠從印度吹到臺灣。因此以前還沒有大型輪船時，船長及船員們可是相當仰賴季風來進行遠距離的海上航行喔！

耶！有季風的幫忙航行更快囉！

Q40 「西南季風」和「東北季風」 跟臺灣的天氣有什麼關係呢？

A 臺灣的氣溫和降雨，都會受到 西南季風和東北季風的影響。

通常從北方來的風會比 較冷，從南方來的風會 比較溫暖；而從海洋來的 風會比較潮溼又富含水 氣、從陸地來的風則會 比較乾燥。

所以當**冬天**盛行**東北季風**時，臺灣的天 氣就會明顯**變冷**，迎風面的**東部**和**北部** 地區，更會變得**溼又冷**；夏季盛行**西南季 風**時，就是**中南部雨季**的開始，各地**潮 溼又悶熱**。

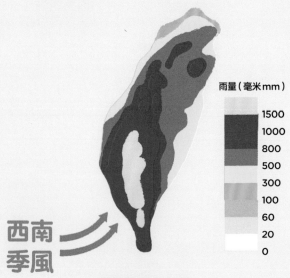

西南 季風

雨量（毫米 mm）

| 1500 |
| 1000 |
| 800 |
| 500 |
| 300 |
| 100 |
| 60 |
| 20 |
| 0 |

夏季雨量分布圖

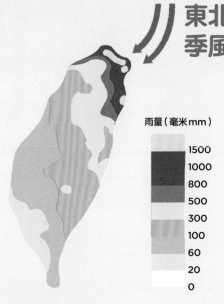

東北 季風

雨量（毫米 mm）

| 1500 |
| 1000 |
| 800 |
| 500 |
| 300 |
| 100 |
| 60 |
| 20 |
| 0 |

冬季雨量分布圖

天氣小故事

孔明借東風，東風怎麼來？

在《三國演義》的「赤壁之戰」中，一代 軍師諸葛亮因為順利借到「東風」，成功 「火燒連環船」而大破曹軍。事實上，赤 壁古戰場位於中國的湖北省，冬天時原 本盛行西北季風，但在冬至前後會改變 風向。孔明只是先掌握了天氣變化，洞 燭機先才得以致勝。

我借到東風了！

好厲害！

Q41 氣象預報常聽到「鋒面要來了」，什麼是鋒面呢？

A 鋒面就是乾冷空氣和暖溼空氣交會的地方。

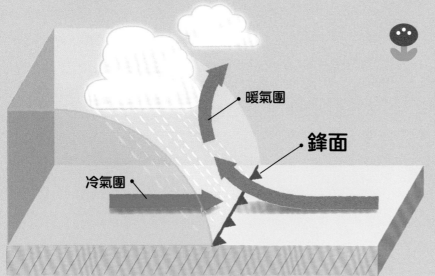

暖氣團

鋒面

冷氣團

當乾冷氣團和暖溼氣團碰在一起時，會形成一道數百至數千公里長的接觸面，這就是所謂的「鋒面」。

Q42 為什麼鋒面一到，天氣常會變差呢？

A 因為鋒面來了，下雨常常也會跟著來。等到鋒面通過後，天氣才會變好。

當冷空氣比較強時，冷氣團會把暖氣團抬起來，形成「冷鋒」。而被抬升的暖氣團就會形成雲，雲當中的水滴變多、變重就會下雨。所以，冷鋒通過時容易造成明顯的降雨。

1

冷氣團

暖氣團

2

冷鋒通過後，冷氣團的乾冷空氣就會跟著來，天氣會變好，但氣溫卻明顯下降。

Q43 每年5月至6月常會下「梅雨」，什麼是「梅雨」呢？

A 5月至6月常有鋒面滯留在臺灣附近，會帶來連續多日的降雨，稱為「梅雨」。

 5月至6月時，東亞地區的冷氣團和暖氣團勢力差不多一樣強，僵持不下誰也不讓誰，所以鋒面容易徘徊停留於原地，形成「**滯留鋒**」。

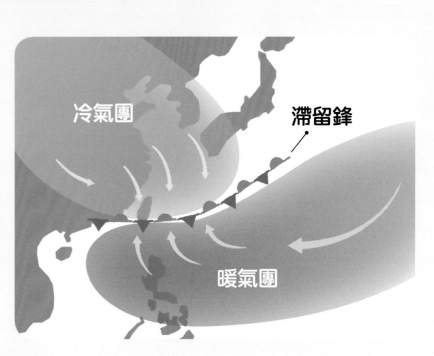

這是2017年6月2日的衛星雲圖，可以明顯看到臺灣上空被滯留鋒面和廣闊雲雨籠罩，所以會不斷下雨。　圖片來源：NASA

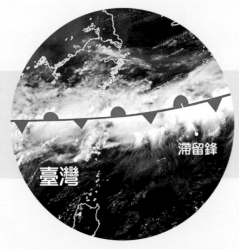

 由於滯留鋒面的影響，這段時間包括臺灣在內的東亞地區，都很容易出現連續多日的降雨。此時又剛好中國江南一帶的梅子成熟，所以這時候的降雨才會被稱為「**梅雨**」。

下雨不能出去玩，只好在家裡吃梅子了！

Q44 為什麼夏天早上非常熱，但下午常會下起傾盆大雨？

A 早上時地面上的水氣都被蒸發並往上飄，形成「積雨雲」，所以下午才會下雨。

1 夏天早上的陽光很強烈，把地面上的水都蒸發了，當水氣上升至高空後，又會因為溫度下降而形成小水滴，並堆積成厚厚的積雨雲。

2 過了中午之後，積雨雲裡的水滴會愈積愈多，並降下伴隨著打雷和閃電的大雨，所以稱為「午後雷陣雨」。

3 不過午後雷陣雨通常來得快、去得也快，雨下完後雲會散開，很快就會放晴。

水氣

天氣小知識

午後雷陣雨為什麼又叫做「西北雨」？

在閩南語裡，午後雷陣雨被稱為「西北雨」，有人說這是因為「西北雨」是閩南語「獅豹雨」的諧音，形容這種突如其來的大雨雨勢很凶猛；也有人認為是午後太陽西斜後才下的雨，所以才叫做「西北雨」喔！

Q45 夏天經常聽到有「熱浪」，什麼是熱浪呢？

A 根據「世界氣象組織」定義，如果連續好幾天的高溫都高於35℃，就代表有熱浪來襲。

近幾年**臺灣的夏天**愈來愈熱，幾乎**長期被熱浪所籠罩**。例如在2017年8月時，臺北就曾連續12天都出現36℃以上的高溫，打破120年的氣象紀錄。

2017年8月的臺北高溫

2017年	8/5	8/6	8/7	8/8	8/9	8/10	8/11	8/12	8/13	8/14	8/15	8/16
溫度℃	37	37.9	38.5	37.2	37.4	36.5	37.4	37.7	37.2	38.2	37.6	37.8

Q46 為什麼秋天時天空特別藍，還被稱為「秋高氣爽」呢？

A 秋天大多的時候天氣相對穩定，雲也很少，所以天氣常讓人覺得神清氣爽。

 過了9月以後，太陽直射地球的位置，由赤道逐漸往南回歸線方向移動。所以北半球不再像夏天那麼熱，溫度也還不會太冷，會讓人覺得比較舒服。

秋高氣爽的好天氣最適合出遊，所以很多戶外活動都會安排在秋天喔！

由於秋天的天空雲比較少，天空才會顯得特別藍。

Q47 冬天時，為什麼臺灣北部常常又溼又冷？

A 因為北部正好面對東北季風，所以才常常又溼又冷。

 臺灣冬天吹**東北季風**，北部剛好位於**迎風面**，所以**容易下雨**；又是冷空氣抵達臺灣的第一站，**溫度也會最早下降**。

 當東北季風和冷空氣慢慢往南邊移動時，它的威力也會逐漸減弱，所以中南部冬天不容易下雨，也不像北部那麼冷。

東北季風

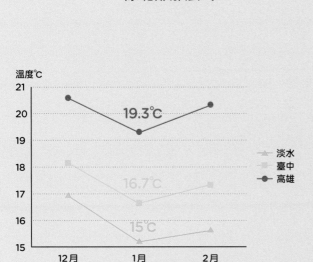

溫度℃

19.3℃
16.7℃
15℃

- 淡水
- 臺中
- 高雄

12月　1月　2月

淡水、臺中和高雄冬季時的月平均氣溫

比較淡水、臺中、高雄一月時的溫度和降雨變化，會發現淡水的溫度比高雄低很多，下雨的日子也多很多！

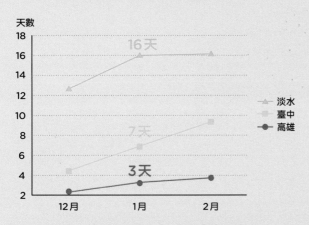

天數

16天
7天
3天

- 淡水
- 臺中
- 高雄

12月　1月　2月

淡水、臺中和高雄冬季時的月累積降雨天數

 **Q48** 冬天時，常有冷氣團、寒流來報到，誰的威力比較強呢？

A 冷氣團和寒流是強度不同的冷氣團，寒流的威力比較強。

 秋冬時，會有來自北方的東北風和冷氣團一波波南下。 而「**冷氣團**」、「**大陸冷氣團**」、「**強烈大陸冷氣團**」和「**寒流**」其實就是**強度不同的冷氣團**。

1 如果冷氣團會讓臺北的日低溫降至 12～14℃，代表受到「大陸冷氣團」影響。

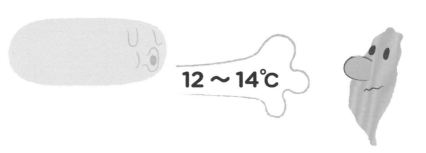

12～14℃

2 如果臺北日低溫會下降至 12℃以下，則是受到「強烈大陸冷氣團」影響。

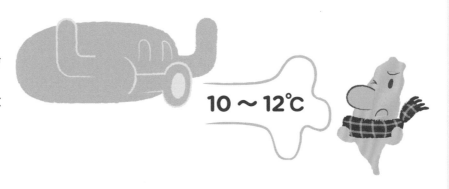

10～12℃

3 如果臺北日低溫會降到 10℃以下，就是將有「寒流」報到，會發布「低溫特報」，提醒大家都要做好防寒準備。

< 10℃

Q49 前幾年曾有超冷的「霸王級寒流」來襲，以後還會有嗎？

A 未來幾年要出現這麼強的寒流機會不高。

極鋒噴流
（極圈附近的強勁氣流）

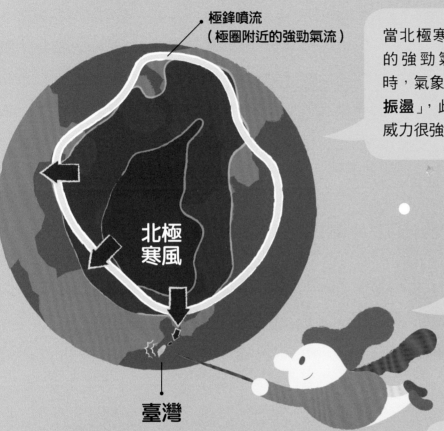

北極寒風

臺灣

當北極寒風突破極圈附近的強勁氣流而大舉南下時，氣象學家稱為「**負北極振盪**」，此時就有機會出現威力很強的寒流。

例如 2016 年 1 月 24 日來報到的這波寒流，不但強度很強，又正對著臺灣而來，才會讓臺灣變得超級冷，當時**臺北市區**測到的**最低溫**是**4℃**。

2021 年 1 月 8 日～13 日，同樣也因負北極振盪導致強冷寒流南下，臺北市又出現 7.3℃ 及 6.8℃ 的低溫，各地暖暖包甚至大缺貨！

 但未來幾年因全球暖化的影響，寒流威力可能會減弱，臺北將不容易再出現這麼低的溫度。

北極寒風帶來的超強寒流在 2016 年 1 月來襲，當時臺北近郊的北投、新店、汐止等山區，紛紛降雪。

令人害怕的
天氣現象

颱風、龍捲風的威力非常強大，

經常造成嚴重的災情，

摧毀許多人的家園，

這些令人害怕的天氣現象，

到底是怎麼形成的？

又會帶來哪些影響呢？

Q50 每年都有颱風，究竟颱風是怎麼形成的呢？

A 颱風是在熱帶附近的海面生成的。

1 當陽光將海水加溫至26℃以上時，會有大量的水氣蒸發，形成強烈的上升氣流和巨大的積雨雲。

積雨雲

水氣

上升氣流

2 由於地球會自轉，上升氣流和愈來愈厚的雲層也會跟著旋轉起來。

積雨雲

上升氣流開始旋轉

> **26℃**

Q51 全世界都會出現颱風嗎？

A 颱風統稱為「熱帶氣旋」，在全世界的熱帶海洋都有可能出現。

發生在西北太平洋及中國南海的熱帶氣旋叫做「颱風」（Typhoon）。但在大西洋西部、加勒比海、墨西哥灣和北太平洋東部則叫做「颶風」（Hurricane），而在印度洋上會叫做「氣旋」（Cyclone）。

颱風

颶風

颶風

氣旋

3 像漩渦般劇烈旋轉的雲層，最後就形成了威力強大的颱風。颱風雲層夾帶著狂風暴雨，所到之處帶來嚴重威脅，但也是臺灣很重要的降雨來源。

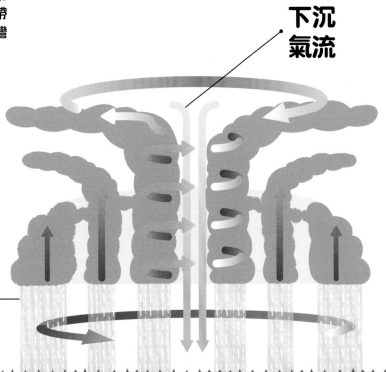

下沉
氣流

強風
暴雨

Q52 為什麼夏天的颱風特別多呢？

A 因為夏天海水的溫度較高，有利於颱風生成。

除了夏天，其他時間仍有機會出現颱風。根據中央氣象局的長期觀測紀錄，**西北太平洋平均一年會生成26.3個颱風**，多數颱風集中在夏秋兩季（7～10月），冬季（1～3月）的颱風則明顯較少。

1958-2017 年每月平均颱風生成個數

颱風季

月份	個數
1月	0.5
2月	0.2
3月	0.4
4月	0.7
5月	1.1
6月	1.8
7月	4.0
8月	5.4
9月	5.0
10月	3.8
11月	2.3
12月	1.2

 **Q53 颱風都有名字，
要怎麼幫它取名字呢？**

 颱風是由西北太平洋和南海沿岸的
14個國家分別提供名字，再由日本
的氣象單位按照順序選用。

 西元2000年以前，颱風是由美國軍方位於關島的氣象單位統一命名。美方喜歡用人名命名，所以像賀伯、韋恩颱風等過去知名的颱風，全是人名。

 2000年後，改由西北太平洋和南海沿岸的14個國家各提供10個名字為颱風命名，內容不再侷限於人名，涵蓋動植物、珠寶、星座、地名等。

 如果颱風帶來特別嚴重的災害，就有可能被「除名」。例如曾在2009年帶來驚人雨量、重創臺灣的**莫拉克颱風**，就在2011年被世界氣象組織除名，不再使用。

范斯高颱風、
瑪莉亞颱風

天秤颱風、
摩羯颱風

杜鵑颱風、
悟空颱風

每個國家都有偏好的颱風命名方式，像日本喜歡用星座命名、美國喜歡用人名，中國則愛用動植物或傳說為颱風命名。

58

Q54 為什麼颱風會逆時針旋轉呢？

A 颱風在北半球會逆時針旋轉，但在南半球卻會順時針旋轉。

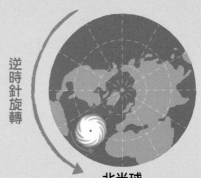

逆時針旋轉

北半球

當我們從北極看地球的自轉方向是**西向東轉**，也就是**逆時針方向**。而颱風是熱帶氣旋，會有強風向內旋入，所以**北半球的颱風**，會跟著地球自轉方向以**逆時針旋轉**。

但在南極觀看地球的自轉方向卻是**東向西轉**，也就是順時針方向，所以**南半球的颱風**也會變成順時針旋轉。

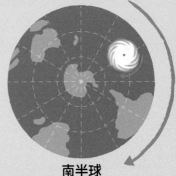

順時針旋轉

南半球

Q55 我們要怎麼判斷颱風究竟有多強呢？

強烈颱風
中心風速：
≧16級

A 颱風強度是由近中心處平均最大風速來決定。

判斷颱風強度的關鍵是**風速**，而非雨量。通常輕度颱風的中心附近會吹8～11級的強陣風，但**強烈颱風**的中心附近則可能吹**16級以上**的超強陣風。

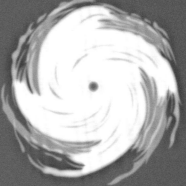

輕度颱風
中心風速：
8～11級

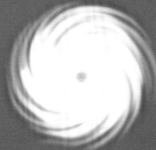

中度颱風
中心風速：
12～15級

59

 **Q56** 聽說颱風都會長出稱為「颱風眼」的眼睛，為什麼呢？

A 當颱風發展到一定強度時，就可能出現紮實而清晰的颱風眼。颱風眼有大有小，也會隨時間改變形狀和大小。

 颱風是個逆時針旋轉的低氣壓環流，**颱風眼**則是**颱風中心氣壓最低**，也是**風雨最小的地方**。這是因為在颱風的廣大雲層內，有相當劇烈的上升氣流，會出現強風和暴雨，但在颱風中心卻會產生強烈的下沉氣流，下沉增溫現象會使得颱風眼裡的雲雨消散，甚至可以見到陽光。

雖然颱風眼內的風雨比較小，但環繞風眼周邊的高聳雲層「**風眼牆**」，卻是**風暴最強的地方**，所以颱風眼通過時，千萬別被片刻轉好的天氣給騙了，風眼牆內的狂風暴雨即將緊接而來。

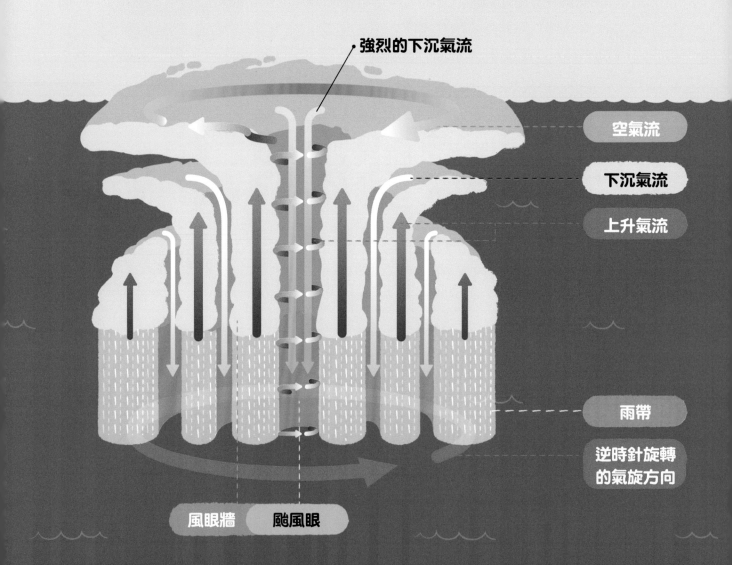

強烈的下沉氣流

空氣流

下沉氣流

上升氣流

雨帶

逆時針旋轉的氣旋方向

風眼牆　颱風眼

颱風眼

這是2016年7月7日**強颱尼伯特**侵台前之衛星雲圖，颱風眼十分清晰。

圖片來源：NASA

天氣小實驗

自製颱風眼

- 準備器材：透明飲料杯、一根筷子
- 實驗步驟：將喝完飲料的杯子裝水至8分滿，用筷子以繞圓圈的方式攪動水，水桶的水會逐漸形成漩渦，漩渦中心就是類似颱風眼的中空結構。

攪動速度快

自製颱風眼的結構紮實很清晰。

攪動速度慢

自製颱風眼會逐漸變大或消失。

Q57 為什麼颱風有時候會侵襲臺灣，有時卻跑到日本或菲律賓呢？

A 通常在太平洋形成的颱風，如果是走偏西北方向的行進路徑，就有可能侵襲臺灣。

 夏季時太平洋會被副熱帶高氣壓所籠罩，稱為「**太平洋高壓**」。由於高氣壓的氣流方向是東往西吹，颱風也會沿著高壓的南邊往西移動。而**高壓的強度**，就會影響颱風的走向。

1 當太平洋高壓很強，颱風行進偏西，可能侵襲菲律賓，如2011年的尼莎颱風。

颱風偏西　高壓（強）　菲律賓

2011年尼莎颱風行進路徑
菲律賓

2 當太平洋高壓強度適中，颱風行進偏西北，就有可能侵襲臺灣，如2015年的杜鵑颱風。

颱風偏西北　高壓（中）　臺灣

2015年杜鵑颱風行進路徑
臺灣

3 當太平洋高壓很弱，颱風行進偏北，可能侵襲日本，如2014年浣熊颱風。

颱風偏北　日本　高壓（弱）

2014年浣熊颱風行進路徑
日本

Q58 颱風大部分都走什麼路徑侵襲臺灣呢？

A 颱風通常會由臺灣東部來襲，從西部來襲的颱風較少見。

侵臺颱風路徑圖

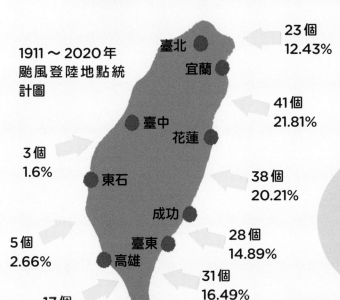

1911～2020年
颱風登陸地點統計圖

臺北
宜蘭　23個 12.43%

臺中　41個 21.81%
花蓮

3個 1.6%　東石

38個 20.21%
成功

5個 2.66%　臺東
高雄　28個 14.89%

17個 9.04%　恆春　31個 16.49%

由上圖可發現，侵臺颱風前6種路徑都是由臺灣東部來襲；颱風登陸地點也以東部居多。

根據110年（1911～2020年）以來的紀錄，共有188個颱風在臺灣登陸，其中又以從**宜蘭至花蓮登陸的颱風（41個）最多**，其次則是花蓮至臺東成功之間（38個）。

Q59 平均一年會有幾個颱風侵襲臺灣呢？

A 一年大約有3~4個颱風會侵襲臺灣。

每年約有3～4個颱風侵襲臺灣，最多時有一年多達7個，但也有可能一整年都沒有颱風來襲。

侵臺颱風年平均值	全年侵臺颱風最多時	全年侵臺颱風最少時
3～4個	7個	0個
	1915、1923、1952、2001年	1941、1964年

Q60 為什麼颱風有時走得很快，有時又走得很慢呢？

A 因為颱風的行進速度會受到外在環境的影響。

- 颱風剛形成時，行進速度比較慢，之後才會加快速度。

- 當颱風要轉向、增強，或周遭沒有明顯導引它前進的氣流時，移動速度又會變慢，甚至可能停滯不動。直至成功轉向後，速度才會變快。

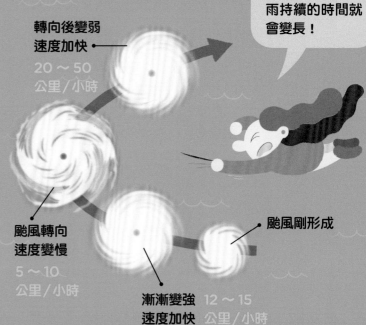

颱風走愈慢，風雨持續的時間就會變長！

轉向後變弱
速度加快
20～50
公里/小時

颱風轉向
速度變慢
5～10
公里/小時

漸漸變強　12～15
速度加快　公里/小時

颱風剛形成

Q61 為什麼颱風登陸後，強度就會減弱呢？

A 因為來自海面上的水氣供應會迅速減少，而陸地地形也會破壞颱風的環流結構。

- 當颱風中心（即颱風眼）從海上移到陸地時，即稱為「颱風登陸」。

- 由於臺灣有高聳的中央山脈，當颱風從東部登陸後，通常會受到中央山脈阻擋而破壞颱風結構。等到颱風終於越過山脈，威力已大幅減弱，風雨也會變小。

颱風從東部登陸，威力強大！

越過中央山脈後，結構被破壞，強度減弱。

所以中央山脈才會被稱為「斬颱刀」。

Q62 如果有兩個颱風很靠近，會變成一個超級大的颱風嗎？

A 當兩個颱風的距離很接近，就有機會繞著彼此旋轉，甚至逐漸合而為一。

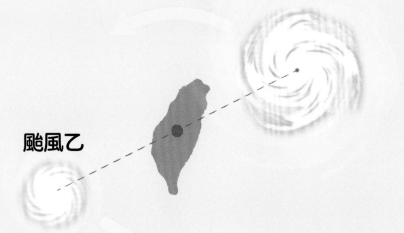

颱風甲

颱風乙

如果兩個颱風很靠近，距離小於1000公里時，它們便有機會互相影響而繞著彼此旋轉，改變了颱風原本的行進路徑。這個現象是由日本氣象學家藤原咲平最早研究，所以叫做「**藤原效應**」。

例如2012年來襲的**天秤颱風**和**布拉萬颱風**，就因為距離很近而產生**藤原效應**，原本應該往西走的天秤颱風，又掉頭往東走，所以二度侵襲恆春半島並造成災情。

布拉萬颱風

——恆春

天秤颱風

A 當秋天偏冷的東北季風遇到暖溼的颱風環流，就可能為臺灣東北部帶來龐大降雨。

秋天時已開始有冷空氣在北方發展，如果偏冷的東北季風南下臺灣時，正好又有颱風來報到，在冷空氣與暖空氣交界處就會激發強烈對流而降下豪雨，這種現象稱為「**共伴效應**」。

東北季風
（冷空氣）

颱風環流
（暖空氣）

例如2010年10月報到的**梅姬颱風**，就因為東北季風與颱風環流產生的共伴效應，在宜蘭地區破千毫米的驚人雨量，也造成蘇澳百年罕見的大水災。

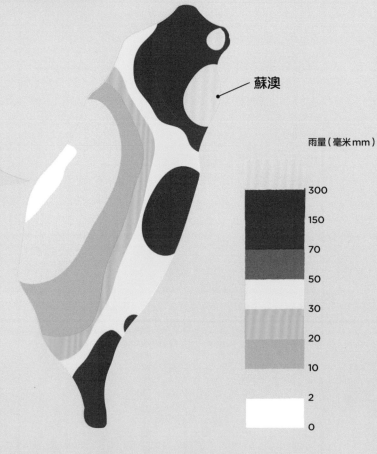

蘇澳

雨量（毫米mm）

300
150
70
50
30
20
10
2
0

宜蘭蘇澳曾在2010年10月21日當天，降下超過300毫米的日雨量。

2010/10/21 00：00 ～ 10/22 00：00　累積雨量圖

Q64 為什麼有時候颱風警報都解除了，豪大雨還是下個不停呢？

A 因為颱風可能會引進水氣豐沛的西南氣流，使得臺灣西半部及中南部地區降下豪雨。

颱風是逆時針旋轉，所以當通過臺灣時，在颱風南側吹的是西南風，常會引進水氣豐沛的**西南氣流**，所以即使颱風離開了，西南氣流仍會在中南部地區帶來豪大雨。

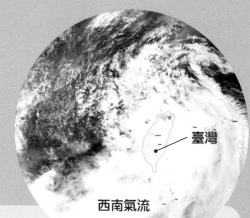

臺灣

西南氣流

2004年來襲的**敏督利颱風** 就帶來強勁的西南氣流而引發水災，從衛星雲圖可見，當時全臺都籠罩在西南氣流中。資料來源：Global Imagery Browse Services(GIBS)

Q65 颱風只會帶來災情，完全沒有益處嗎？

A 對臺灣來說，颱風是很重要的降雨來源。

臺灣3至5月常是缺乏雨水的乾季，如果其後的梅雨季降雨也偏少，就會出現乾旱現象。此時如果有颱風帶來適量的雨水，就能抒解旱象，也能調節夏季炎熱的天氣。

臺灣中南部在秋、冬、春三季的雨水都偏少，需要夏季的颱風帶來雨水補充蓄水。圖為在乾季時幾乎乾涸見底的臺南南化水庫。

Q66 龍捲風的威力也很強，究竟什麼是龍捲風呢？

A 龍捲風是像漏斗般中空的管狀雲柱，會一路延伸到地面，外圍的風和破壞力都很強。

龍捲風跟我的長鼻子好像！

龍捲風外圍的風很猛烈，風速甚至比颱風還強，中間則有強大的吸力，經常會伴隨強風、暴雨、雷電和冰雹一起出現。所到之處不僅樹木會被連根拔起，連人、車子、房屋都有可能被捲起，常造成很嚴重的傷亡與損失。

還好大部分的龍捲風範圍不大，而且它從出現到結束大約僅持續十分鐘，影響時間不會太長。

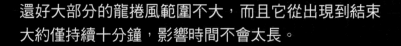

A 龍捲風通常在非常不穩定的天氣環境中才會出現。

積雨雲

高速旋轉氣流

龍捲風是劇烈的天氣現象，最常出現的時間是4～6月。會在暖溼空氣與乾冷空氣強烈對流的交界處，形成快速上升的旋轉氣流，外形很像巨大的漏斗。

乾冷空氣

暖溼空氣

通常在梅雨鋒面報到時、海上的積雨雲發展成旺盛對流，或者是颱風激烈的雲雨帶中，都有機會出現龍捲風。

1 2 3 4

龍捲風不僅會出現在陸地上（**陸龍捲**），也有機會出現在海上（**水龍捲**），尤其當海面上水氣多，天氣特別不穩定時，甚至可能會一次出現多個水龍捲。

Q68 除了陸龍捲和水龍捲，是不是還有火龍捲呢？

A 森林大火時，有時會因劇烈燃燒產生強烈的上升氣流而形成火龍捲。

 當森林火災發生時，常會因劇烈燃燒而出現快速上升的氣流，如果此時地面上恰好又有很強的旋風，就會帶著像旋渦般的火苗直衝天際，形成「**火龍捲**」，在中國、美國、澳洲都曾觀測到。

地面旋風　　上升氣流

Q69 哪裡最常出現龍捲風呢？

A 美國是全世界最常出現龍捲風的地方。

全世界五大洲都曾出現龍捲風，最頻繁的地方則是**美國**，平均一年會出現一千兩百多個龍捲風。在美國中西部的大平原，甚至有「**龍捲風走廊**」的別稱。

龍捲風走廊

乾冷空氣

冷鋒

暖鋒

暖溼空氣

每年4～7月美國中西部大草原會有洛磯山脈吹來的乾冷空氣及南邊墨西哥灣吹來的暖溼空氣，使得大氣非常不穩定，所以才頻繁出現龍捲風。

Q70　臺灣也有龍捲風嗎？

A 臺灣平均每年會有 4.2 個龍捲風，大部分都是出現在海上的水龍捲。

每年 4～6 月是臺灣較常**出現龍捲風**的時間，此時正好是春夏之間、冷暖空氣交會，天氣不穩定，所以較易形成龍捲風。

還好臺灣的龍捲風規模通常不大，影響時間也很短。較常出現的地點則分布在中南部空曠的平原，與臺東、宜蘭外海。

臺北

臺中

高雄

臺灣龍捲風分布地點

天氣小實驗

一起來做水龍捲

- 準備器材：兩個含蓋的寶特瓶、密封膠帶、水
- 實驗步驟：

水龍捲

❶ 在兩個瓶蓋中央鑽一個直徑約 1 公分的洞，並用膠帶將兩個瓶蓋緊密黏在一起。

❷ 將其中一個寶特瓶裝約 8 分滿的水，瓶蓋旋緊；另一個寶特瓶則倒立，鎖在上面的瓶蓋。

❸ 將寶特瓶翻轉，手握緊瓶蓋連接的部分，迅速搖晃寶特瓶，轉一轉然後靜置，就會出現很像水龍捲的漩渦。

Q71 · · · · Q81

天氣100問

天氣預報
怎麼做

每一天的天氣預報，
都在告訴你與所有人
生活密切相關的天氣祕密，
看似神奇的天氣預報，
究竟是怎麼做出來的呢？
為什麼有時候天氣預報會報不準？
怎麼做才能提高天氣預報的準確率呢？

Q71 氣象預報是怎麼做出來的呢？

A 先蒐集多方的氣象觀測資料、經由超級電腦分析及預報員的綜合討論後才得出結果。

1 先蒐集來自各方的氣象觀測資料，如氣象測站的記錄、氣象衛星與氣象雷達的觀測數據等。

觀測員記錄

氣象衛星觀測

氣象雷達監測

氣象船舶觀測

2 氣象觀測資料會傳送至超級電腦，並代入「氣象模式」運算，再模擬出未來 7 ～ 10 天的天氣。

3 氣象預報員會針對超級電腦的運算結果，召開會議討論，並修正可能的預報誤差。

4 最後才把綜合超級電腦和氣象預報員分析判斷的氣象預報，發布給大家。

天氣小知識

什麼是「氣象模式」？

如果只靠氣象觀測資料來預報，通常只能預測未來幾個小時後的天氣，但 20 世紀以後，氣象學家開始發展「氣象模式」，將觀測資料輸入超級電腦中，經由複雜的物理、數學公式運算後，就能預測未來 7 ～ 10 天的天氣，但氣象模式仍有誤差，需要預報員修正預報結果。

Q72 常見的氣象預報有哪些種類呢？

A 常見的氣象預報分成短期、中期和長期預報，通常時間愈接近的預報愈準確。

短期天氣預報 預報今天至明日的天氣（未來 36 小時）。由於時間很接近，可以預報細部的天氣資訊，如每 6 小時的天氣變化及降雨機率等。

▶ 今明預報　　　　　　　　　　　　　　　　　　發布時間：2017/12/20 11:00

臺北市	溫度（℃）	天氣狀況	舒適度	降雨機率（%）
今日白天 12/20 12:00 ～ 12/20 18:00	16 ～ 21		稍有寒意至舒適	0%
今晚至明晨 12/20 18:00 ～ 12/21 06:00	12 ～ 16		寒冷至稍有寒意	0%
明日白天 12/21 06:00 ～ 12/21 18:00	12 ～ 19		寒冷至稍有寒意	0%

中期天氣預報 預報未來 7 ～ 10 日天氣變化。因為預報的時間拉長，準確率也略微下降，通常只能預報氣溫及是否為晴天或雨天等基本的天氣變化。

▶ 1週預報　　　　　　　　　　　　　　　　　　發布時間：2017/12/20 11:00

臺北市	12/20 星期三	12/21 星期四	12/22 星期五	12/23 星期六	12/24 星期日	12/25 星期一	12/26 星期二
白天（℃）	16 ～ 21	12 ～ 19	13 ～ 22	14 ～ 23	15 ～ 19	15 ～ 17	14 ～ 18
晚上（℃）	12 ～ 16	13 ～ 15	14 ～ 18	15 ～ 18	15 ～ 17	14 ～ 15	15 ～ 16

長期天氣預報 預報未來一個月到一季的氣候趨勢，由於預報時間很長，能預報的資訊和準確率也下降，通常只能預報未來的氣溫或降雨是否高於或低於氣候平均值。

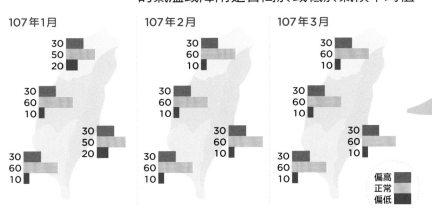

107年1月　　　107年2月　　　107年3月

偏高 正常 偏低

未來三個月的平均氣溫機率預報（單位：%）

> 臺灣北部 3 月的正常氣溫為 17.7 ～ 19.1℃，這份長期預報即顯示，在 2018 年 3 月，北部氣溫約有 60% 機率會在正常範圍內。

Q73 氣象預報常出現很酷的天氣圖，到底是怎麼來的呢？

A 天氣圖是根據世界各地的氣象觀測資料，並運用超級電腦的氣象模式運算繪製而成。

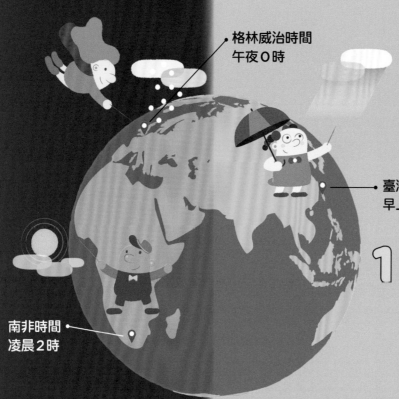

格林威治時間
午夜0時

臺灣時間
早上8時

南非時間
凌晨2時

1 世界各地的氣象觀測員，每天都會在格林威治國際標準時間的0時、6時、12時及18時，同步進行氣象觀測，記錄氣壓、風速、風向、氣溫、雲量、降雨等氣象資訊，再上傳到網路上供大家使用。

2 各國的氣象單位會將這些氣象資訊傳送至超級電腦運算，並繪製出天氣圖。

3 最後氣象預報員就能根據這些天氣圖來預報氣象。

Q74 天氣圖上有很多奇怪的符號，代表什麼意思呢？

A 這些符號就像是氣象密碼，藏著當地的天氣資訊。

 天氣圖上的每個符號都有特別意義，氣象人員不需要會各國語言，只要觀察這些符號，就能知道每個國家正受到哪些氣象系統影響，以及可能的天氣狀況。

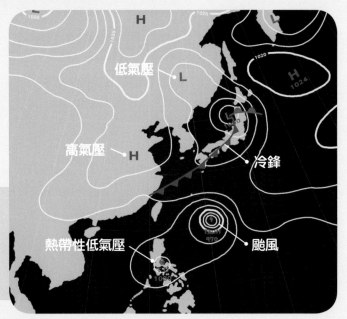

低氣壓　L
高氣壓　H
熱帶性低氣壓
冷鋒
颱風

這張天氣圖即顯示，東南部外海有颱風正往臺灣接近，北方亦有鋒面南下，所以臺灣北部及東部天氣都極不穩定，降雨機率高也易有強風出現。

Q75 天氣圖上有許多像小豆芽一樣的符號，代表什麼意義呢？

A 這些天氣符號記錄了更詳細的風速、風向、氣溫、氣壓、雲量等資訊。

雲量記號

會畫一個圓代表天空，深色的部分愈多，代表天空中的雲量愈多。

 晴朗無雲

 雲量約為整個天空的1/8

 雲量約為整個天空的2/8

 雲量約為整個天空的4/8

 整個天空都是雲

 天空被霧或霾遮住無法觀測

風力記號

像小刷子一樣的圖案是風力符號，通常線條愈多，代表風速愈強。

弱 ————————→ 強
風速

Q76 氣象預報常有一些特別的用語，代表什麼意思呢？

A 例如體感溫度是指人體實際感受的溫度；降雨機率代表下雨的機會有多高。

體感溫度

氣溫是指溫度計量測到的溫度，但人體感受到的溫度會受溼度、風速影響而覺得更熱或更冷，稱為「**體感溫度**」。

1 通常溼度愈高感覺越悶熱。若夏季溫度30℃，但如果空氣中的水氣很多、體感溫度也會升高。

實際溫度 30℃

溼度50%
體感溫度31.1℃
開始覺得有點熱

溼度70%
體感溫度35℃
汗流夾背，很不舒服

溼度90%
體感溫度40.6℃
悶熱至極，非常難受

2 風愈強則會讓人覺得愈冷，若冬季實際溫度14℃，卻刮起強風，強風會把人體的熱量帶走，讓體感溫度比實際溫度冷的多！

無風
體感溫度14℃
有涼意，但不太冷

微風（3級風）
體感溫度12.6℃
開始覺得變冷了

強風（6級風）
體感溫度11.1℃
覺得超級冷

實際溫度 14℃

降雨機率

代表下雨的機率,數字愈大,代表下雨的機會愈高,出門時要記得攜帶雨具。

≦ 30%
降雨機率低

40 ～ 60%
降雨機率中

≧ 60%
降雨機率高

雨量分級

氣象預報常會提到明天可能會下大雨或豪雨,這些雨量分級實際代表的意義如下:

毛毛雨
日雨量5毫米

小雨
日雨量25毫米

中雨
日雨量50毫米

大雨
日雨量80毫米

豪雨
日雨量200毫米

大豪雨
日雨量350毫米

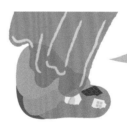

超大豪雨
日雨量500毫米

> 如果氣象局已預測到即將有很大的雨勢,通常都會提前發布「**大雨特報**」或「**豪雨特報**」,提醒民眾及早防範。

天氣型態

氣象預報以「**晴**」、「**多雲**」、「**陰**」代表未來的天氣型態,判斷標準與天空中雲量多寡有關。「**晴時多雲**」代表當天天氣有一半以上是晴天,剩下的時間是多雲;「**多雲時晴**」則剛好相反。

雲量佔全天空
0 ～ 4/10

雲量佔全天空
5/10 ～ 8/10

雲量佔全天空
9/10 ～ 10/10

Q77 為什麼氣象預報有時候會報不準呢？

A 由於觀測不足、電腦誤差，以及預報科學的極限等原因，導致預報無法完全準確。

 氣象預報是門科學，過程中需要大量觀測數據，以及超級電腦的快速運算，才能得出正確預報。通常時間愈接近，蒐集的資料愈正確，預報準確率就會較高，而十天以上的預報，準確率通常不高。

目前氣象學家對於一朵雲的真正組成，或地形如何影響下雨等天氣演變機制，很難完全掌握，才會出現「報不準」。

氣象衛星、雷達和儀器觀測，以及超級電腦的運算，都有可能產生誤差，影響預報的準確度。

Q78 為什麼颱風預報時常會報不準呢？

A 颱風是海洋上生成、發展的，但海上觀測資料相對偏少，不容易準確預報。

為了提高颱風的預報準確率，各國氣象單位也常派出氣象飛機，飛至颱風上方投擲觀測儀，以取得更多的觀測資訊。

 大部分的氣象觀測站都設在陸地上，而颱風卻在海洋上生成，不易取得實測資訊，預報就容易出現誤差，目前我國對於**未來24小時**的颱風路徑預報誤差約為75公里。

01日08時
31日08時
30日08時
28日20時
29日08時
28日08時

觀測儀

這是颱風的路徑潛勢預報圖，廣大的藍色扇形範圍，都是它未來可能走的路徑。

A 會受到溫度變化及是否下雨影響的行業，特別需要準確的氣象預報。

氣象預報與生活息息相關，一般人出門前常會先看預報來決定穿著或是否帶傘。

農民和漁民很容易受到天氣變化而影響收成，提前發布**豪雨**、**低溫**及**高溫特報**，就能幫助他們準備應變措施，減少損失。

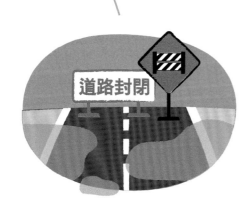

臺灣地形陡峭、山路又多，所以公路單位需要精準的**雨量預報**，才能在豪雨來臨之前，封閉易有土石崩落或坍方的路段，以減少傷亡。

很多商店也會密切注意氣象預報來決定促銷什麼商品，如寒流來臨前可特賣羽絨衣、暖氣機；梅雨季時可促銷除溼機。

Q80 以前的人沒有這麼多氣象資料可以看，要怎麼預測天氣呢？

A 會觀察自然界的現象，並根據過去的經驗，來判斷未來可能的天氣。

 在沒有氣象衛星、電腦的時代，人們只能藉由敏銳的觀察力和前人累積的經驗來判斷未來天氣，最有名的例子就是**三國時代的「孔明借東風」**。

只要懂得觀察天氣，就能跟我一樣神機妙算！

1 古人會觀察自然現象或動植物的變化來預測天氣，例如燕子低飛和蚯蚓爬出地面，代表快要下雨。

2 前一晚星星閃耀或清晨牽牛花綻放，代表隔日會出現晴天。

 天氣小常識

氣象諺語比一比

古人留下了很多有趣的氣象諺語，可以跟現在的天氣變化印證看看是否一樣喔！

● **春霧風，夏霧晴，秋霧陰，冬霧雪**
春天起霧代表著要起風；夏天起霧代表著天要放晴；秋天起霧代表著要陰天；冬天起霧代表著要下雪。

● **天有城堡雲，地上雷雨臨**
天空如果有像城堡一樣高聳的雲，就代表要下大雷雨了。

Q81 我是不是也能進行簡單的觀察或實驗來觀測天氣呢？

A 可以觀察自然界的現象，或藉由簡單的自製儀器來觀測天氣喔！

平常就可以觀察天空中雲的形狀和高度來判斷之後的天氣。

雲少且高：晴天

雲多且低：即將下雨

過去的天氣經驗，也有助於判斷未來的天氣，例如夏天午後若刮起大風，不久後常下起大雨；冬天若是白天天氣晴朗，晚上反而會覺得更冷。

冬天白天晴朗

夜晚更快降溫

18°C

11°C

天氣小實驗

自製雨量計

- 準備器材：2公升寶特瓶、直尺、油性簽字筆、小碎石
- 實驗步驟：

1 用美工刀將寶特瓶頂部切平劃開。

2 用小碎石填滿寶特瓶不規則的底部。

3 用油性簽字筆在寶特瓶上方畫記0～150毫米，0的高度與小碎石齊平。

4 注入水至刻度0，雨量計就完成囉！

將雨量計放在戶外，下雨時持續觀測，若發現3小時累積雨量超過100毫米，或是24小時累積雨量超過200毫米就是「豪雨」等級，必須注意防災喔！

Q82 •••• Q88

天氣100問

空氣污染
與天氣變化

什麼是沙塵暴？

什麼又是PM2.5？

為什麼秋冬的空氣會變差呢？

為什麼臺灣中南部的空氣特別差？

這些問題的答案其實都在天氣裡……

Q82 春天時常出現沙塵暴，這些沙塵究竟從哪裡來呢？

 這些沙塵來自中國大陸西北方，會在冬末春初時隨著大陸冷高壓，往南傳送到臺灣。

 「**沙塵暴**」是一種由強風刮起地面上的沙土、塵埃，導致空氣混濁、能見度變低的天氣現象。中國西北方有非常廣大的沙漠，常在**冬末春初的3月至5月**發生沙塵暴。

當沙塵暴發生時，鄰近西北方沙漠的中國北京，整個城市都籠罩在一片黃沙之中。

 這些**沙塵**會跟著**大陸冷高壓**傳送至**日本、韓國、臺灣、香港**，甚至**菲律賓**等地，沿途還會夾帶其他的空氣汙染物，很容易引發人們的各種過敏症狀。

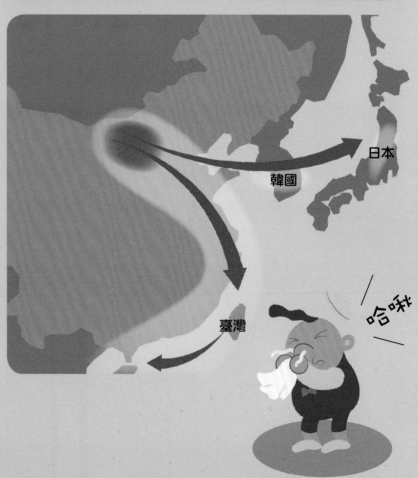

日本

韓國

臺灣

哈啾

Q83 為什麼每年秋冬天氣要變冷時，空氣常會變得很不好呢？

A 因為來自中國的空氣汙染物，會跟著東北季風一起南下，讓臺灣的空氣品質變差。

 中國近年來雖然經濟高度發展，但環保觀念仍相當欠缺，製造了嚴重的空氣污染，每到**秋冬**，**東北季風**和**冷氣團**會把來自**中國**的**空氣汙染物**，一併帶到鄰近的**韓國**、**日本**和**臺灣**，所以空氣品質才會變得特別差。

夏天時空氣良好的臺北101，視野清楚。

但秋冬時空氣變差，看起來就一片灰濛濛。

Q84 為什麼秋冬時，臺灣中南部的空氣常變得比北部更差呢？

A 因為中南部處於東北季風的背風面，比較無風，所以汙染物不容易擴散出去。

污染物

空氣極差

 通常風較強的地方，空氣的污染物很容易就被風吹散；但如果沒有風，汙染物就容易累積下來，空氣也會變差。

 臺灣**中南部**正因為處於東北季風不容易到達的**背風面**，所以**空氣品質**才會比迎風面的北部和東北部地區更**差**。

Q85 有時候新聞會提醒大家要留意「PM2.5」，那是什麼呢？

 A PM2.5 指的是漂浮在空氣中的細懸浮微粒，將會危害我們的健康。

 空氣中的污染物，是許多粒徑大小不同的懸浮微粒，例如，一般沙塵的粒徑是 10 微米（μm，常被稱為 PM10）。而 **PM2.5** 指的則是**粒徑只有 2.5 微米、約為頭髮 1/28** 的細懸浮微粒。

 PM2.5 因為非常細小，所以能穿透人體肺泡並跟著血液循環全身，會對健康造成極大危害。

PM2.5 有多小？（單位：微米＝ 0.000001 公尺）

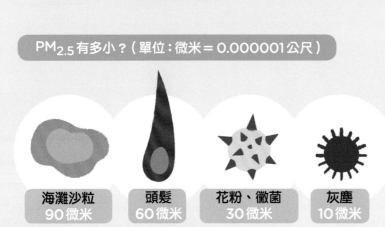

| 海灘沙粒 90 微米 | 頭髮 60 微米 | 花粉、黴菌 30 微米 | 灰塵 10 微米 |

PM2.5
（2.5 微米）

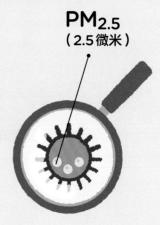

PM2.5 的危害

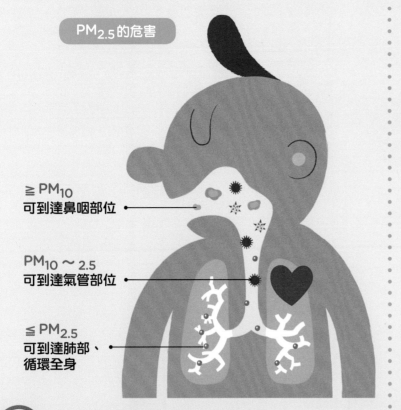

≧ PM10
可到達鼻咽部位

PM10 ～ 2.5
可到達氣管部位

≦ PM2.5
可到達肺部、循環全身

PM2.5 從哪裡來？

交通廢氣

石化廠或火力發電廠排放

12%

36%

25%

27%

中國等境外移入的污染物

 「今天空氣『紫爆』了！」 是什麼意思呢？

** 代表環保署已掛出今天的空氣品質「非常不健康」的紫色警示。**

 環保署的「空氣品質監測網」，每天會公布各地的空氣品質指標（AQI）。數值小於50時表示空氣良好（綠色）；50～100間（黃色），代表空氣還可以。若數值大於200，代表空氣非常不健康（紫色），稱為「紫爆」。

空氣品質指標AQI（Air Quality Index）

良好	普通	對敏感族群不健康	對所有族群不健康	非常不健康	危害
0～50	51～100	101～150	151～200	201～300	301～500
●	■	▲	⬡	◆	✦

 很多學校和縣市也會視空氣品質的狀況掛出「空汙旗」，提醒大家空污狀況，做好防護。

綠旗	黃旗	紅旗	紫旗
空氣品質良好	空氣品質尚可	空氣品質不良	空氣品質危險
可正常活動。	敏感族群減少戶外活動。	所有人如有不適，應減少戶外活動出門並戴口罩。	所有人須減少戶外活動，需要時戴口罩或護目鏡。

Q87 聽説有一種雨叫做「酸雨」為什麼雨水會變成酸的呢？

A 當大氣中的二氧化碳和汙染物大量溶解在雨水中，就會讓雨水變酸。

 pH值（酸鹼值，標度0～14），是衡量液體酸鹼濃度的標準，通常pH值等於7代表呈中性、大於7代表呈鹼性（數值愈大愈鹼）、小於7則呈酸性（數值愈小愈酸）。

pH值指標

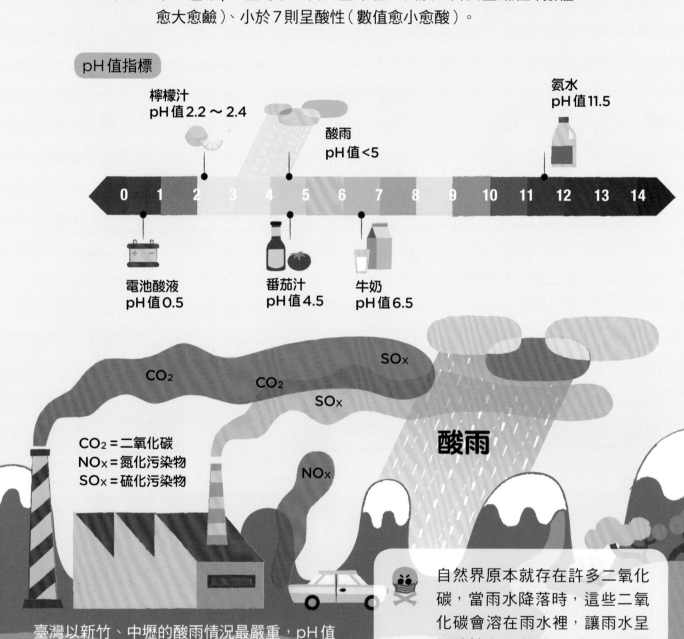

檸檬汁
pH值2.2～2.4

酸雨
pH值<5

氨水
pH值11.5

0　1　2　3　4　5　6　7　8　9　10　11　12　13　14

電池酸液
pH值0.5

番茄汁
pH值4.5

牛奶
pH值6.5

CO_2

CO_2

SO_X

SO_X

NO_X

酸雨

CO_2＝二氧化碳
NO_X＝氮化污染物
SO_X＝硫化污染物

臺灣以新竹、中壢的酸雨情況最嚴重，pH值平均約4.7～4.8，大概跟番茄汁一樣酸。

自然界原本就存在許多二氧化碳，當雨水降落時，這些二氧化碳會溶在雨水裡，讓雨水呈弱酸性（pH值約5.6），但如果空氣中有過多人為污染物，就會讓雨水變得更酸，當pH值小於5以下，即稱為「酸雨」。

Q88 酸雨會帶來什麼影響呢？

A 可能引起人體的過敏症狀，還會侵蝕建築物，影響植物和水中生物的成長。

酸雨很容易誘發人體鼻子、眼睛、皮膚、喉嚨的過敏症狀；若吃下含酸雨有毒物質的動植物，也有可能讓人生病。

嗚，淋到太多酸雨，我全身都過敏了……

 當酸雨降落在土壤時，樹木會因吸收不到養分而大量枯死；降落在湖泊時，魚類和浮游生物也會因缺氧氣、和營養而死亡。

受到酸雨影響而枯死的森林。

變酸的湖泊，常出現大量死魚。

建築物或雕像的表面，也會受到酸雨侵蝕而變黑、崩壞。

長期變化中
的天氣現象

天氣似乎愈來愈熱，

世界各地也時常發生旱災、水災和風災，

奪走許多人命，造成龐大損失，

這些怪異天氣究竟從何而來？

跟全球暖化有關嗎？

還是其他原因造成的？

我們又該怎麼抗衡氣候變遷呢？

 南美洲東太平洋每隔幾年就會異常升溫，稱為「聖嬰現象」，全球天氣都會受影響。

 「聖嬰」（El Niño），源自西班牙文，意即「上帝之子」。早在一百多年前，南美洲的漁民就已發現每隔幾年海水溫度會異常偏暖，這個現象常出現在聖誕節前後，才被稱為「**聖嬰現象**」。

 聖嬰現象有時會持續1年半至2年，這段期間除了**海溫變熱**（約高出 0.4°C），會影響**海洋的生態環境**，也會影響許多地方的雨量和溫度。

在海溫正常的年份，鄰近赤道的太平洋吹東風，東太平洋的海溫較低而西太平洋的海溫較高。

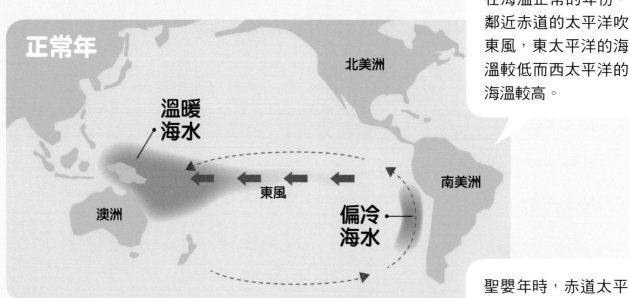

正常年

溫暖海水

北美洲

東風

南美洲

澳洲

偏冷海水

聖嬰年

北美洲（暖冬）

西風

南美洲

澳洲（乾旱）

溫暖海水

聖嬰年時，赤道太平洋的東風減弱、西風增強，溫暖海水會流到東太平洋。失去暖溼海水的澳洲易有乾旱；海水變暖的北美洲則易有暖冬。

Q90 什麼又是「反聖嬰現象」呢？

A 「反聖嬰」是指東太平洋的海溫不但沒有變暖，反倒變得比平常更冷的現象。

「**反聖嬰現象**」（La Niña，「聖女」之意），與「聖嬰現象」剛好相反。通常會在**聖嬰現象**的隔年出現，有時會持續 2～3 年。

反聖嬰年時，赤道太平洋的東風通常很強，東太平洋的海水則變得更冷，**海溫約低於平均值 0.4 度**。

反聖嬰年時，東風變強，會把東太平洋的溫暖海水大量帶往西太平洋，北美洲的冬天會變得更冷更溼。

反聖嬰年

北美洲（冷冬）

溫暖海水

東風變強

偏冷海水

澳洲

南美洲

Q91 聖嬰現象和反聖嬰現象對臺灣天氣會造成什麼影響呢？

A 聖嬰年時，臺灣容易出現暖冬、春雨多但颱風少的現象；反聖嬰年時則剛好相反。

 聖嬰和**反聖嬰**現象雖然發生在赤道太平洋附近，但對**全球氣候**、**農漁業**、**水資源**都會造成影響。

 當很強的聖嬰或反聖嬰現象發生（海溫高於或低於1.5℃發生時），臺灣天氣也會出現明顯變化。

臺灣天氣在聖嬰年及反聖嬰年的表現

聖嬰年	冬天較暖	春雨偏多	颱風生成位置距離臺灣較遠，侵臺機率下降
反聖嬰年	冬天較冷	夏天較涼	颱風生成位置距離臺灣較近，侵臺機率大增

Q92 常聽到大家在討論「全球暖化」，那是什麼呢？

A 「全球暖化」是指靠近地表或海面的全球平均氣溫，隨著時間逐漸升高的現象。

 全球暖化現象是在二十世紀後才趨於明顯。根據聯合國政府間氣候變遷委員會（IPCC）研究顯示，自1880年至2012年，全球地表平均溫度約上升了0.85℃；而最後10年（2003～2012年）更比19世紀後半（1850～1900年）高出0.78℃。

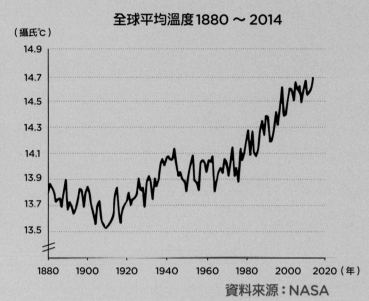

全球平均溫度1880～2014

資料來源：NASA

「**全球暖化**」的說法近年來漸漸被「**氣候變遷**」取代，因為氣候的改變，不會只有溫度變化，還有其他影響。

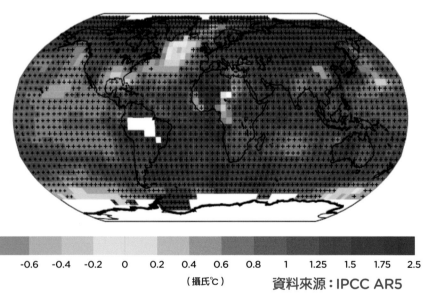

1901～2012年期間全球各地表面溫度的改變

（攝氏℃）　資料來源：IPCC AR5

「+」符號代表增溫，顏色愈深則表示增溫現象愈明顯，由上圖可發現，過去一百多年來，全球各地的平均溫度皆已明顯升高。

Q93 為什麼最近一百多年來會出現「全球暖化」現象呢？

A 因為人類活動排放了大量的二氧化碳等「溫室氣體」，讓地球不容易散熱。

 地球的大氣層就像是溫室裡的塑膠布。當太陽的光和熱傳到地球時，有一部分會被反射回太空，但大氣層內有些氣體，也會吸收太陽的光和熱，讓地球保持在一定的溫度。這個過程稱為「溫室效應」，這些能吸收光和熱的氣體，則叫做「溫室氣體」。

 自18世紀工業革命以後，包含二氧化碳、甲烷（天然氣主成分）等溫室氣體，因人類活動的大量排放而顯著增加。這些累積在大氣中的溫室氣體，會吸收過多太陽的光和熱，也讓地球反射回太空的光和熱變少，所以才會造成暖化現象。

過去

18世紀以前，大氣層中沒有過多的溫室氣體，地球的溫度維持穩定。

CO_2 = 二氧化碳
CH_4 = 甲烷
N_2O = 氧化亞氮

現在

最近一百多年，工廠、汽機車大量增加，溫室氣體的排放量也大增，而能吸收二氧化碳的林木又變少，致使溫室效應加劇，地球也隨之升溫。

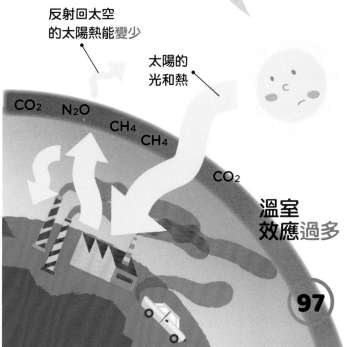

反射回太空的太陽熱能

太陽的光和熱

N_2O

CH_4

溫室效應正常

CO_2

反射回太空的太陽熱能變少

太陽的光和熱

CO_2 N_2O

CH_4 CH_4

CO_2

溫室效應過多

Q94 新聞報導說，南北極的冰山都變小了，是真的嗎？

A 近年來南北極的冰山和冰川，確實受到全球暖化的影響而逐漸縮小面積。

 根據科學家長期觀測的資料顯示，隨著地球增溫，北極海冰的面積也大幅縮減。例如2016年的北極海冰面積，就比1981～2010年同期的平均海冰面積（黃線範圍）縮減了195萬平方公里，相當於54個臺灣大！

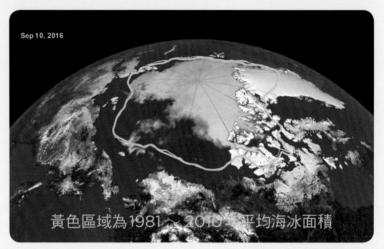

Sep 10, 2016

黃色區域為1981～2010年平均海冰面積

資料來源：NASA

Q95 如果南北極的冰山消失了，會對地球帶來什麼影響呢？

A 有些動物會面臨生存危機，並加快全球暖化的速度，海平面高度也會因此而上升。

冰山愈來愈小，我們快活不下去了！

1 北極熊無家可歸

北極冰山消失之後，原本生活在這裡的北極熊將失去居住和覓食空間而面臨絕種危機。

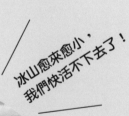

2 海平面上升，部分島嶼和陸地會被淹沒

冰山融化後，會讓海平面逐漸上升，而過去一百年，海平面已上升了10～20公分。科學家預估，如果暖化現象持續惡化，未來每一百年，海水將升高一公尺，許多小島及靠海的低窪區，都將被淹沒。

天啊！這個島國要沈沒了！

馬爾地夫是全球地勢最低的國家，平均高度只有1公尺。如果海平面持續上升，這個國家會在2050年被海水淹沒。

3 暖化危機更嚴重

北極冰山原本可將照射其上約85％的太陽光及熱能反射回太空，讓北極更冷，也協助地球降溫。一旦北極無冰，海水會吸收更多太陽熱能，地球也會變得更熱。

北極冰山
範圍廣大

北極冰山
範圍縮小

大部分的太陽熱能，都被冰山反射回太空。

冰山融化，海水面積擴大，會吸收更多太陽熱能，全球暖化更嚴重。

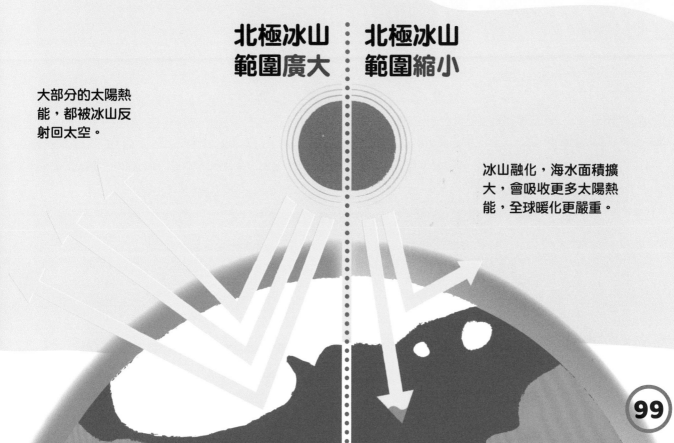

Q96 全球暖化還會帶來哪些嚴重影響呢？

A 可能會讓暴雨、洪水、熱浪、極度乾旱、超級強颱等極端天氣頻繁增加。

🌏 「**極端天氣**」是指嚴重背離氣候平均值的天氣現象，例如**高溫熱浪、非常強的降雨**，或是出現威力**超級強大的颱風**等。在過去，極端天氣通常50～100年才出現一次，但近年來暖化問題日益嚴重，極端天氣已成為幾乎年年都需要面對的天氣事件。

1 高溫熱浪

2017年2月，澳洲遭逢嚴重的熱浪襲擊，許多地區出現連續16天以上的40℃高溫，東南部的新南威爾斯，更出現47℃的超高溫，打破150年來的氣象紀錄。

乾燥又高溫的環境，很容易引發火災，2017年澳洲新南威爾斯在熱浪來襲時，就引發了九十多起森林火災。

澳洲地圖

Northern Territory
北領地
Queensland
昆士蘭
Western Australia
西澳
南澳
South Australia
新南威爾斯
New South Wales
Victoria
Tasmania

地表高溫℃

≦15　30　45　≧60

（顏色愈紅代表溫度愈高）

資料來源：NASA

2 強降雨

2016年6月，法國巴黎降下有氣象紀錄以來的超級暴雨，造成賽納河自1910年以來的首度氾濫，洪水也淹沒了巴黎市街和知名的觀光景點。

難得一見的百年洪水，讓巴黎鐵塔的周邊街道盡成小河。

3 超強颱風（颶風）

根據長期氣象研究顯示，當熱帶海洋的表面溫度逐漸上升，出現**超強颱風**或**颶風**的機會也會增加。例如2017年9月，美國就接連遭逢哈維和艾瑪等兩個超強颶風襲擊，其中**颶風哈維**更重創德洲，造成超過新臺幣3兆元的經濟損失。

颱風哈維的衛星雲圖

泡在水中的休士頓

超強颱風哈維侵襲德州時，帶來猛烈的暴雨，重創美國第四大城休士頓，整個城市幾乎都被洪水淹沒，也讓數以萬計的民眾無家可歸。

Q97 臺灣也出現了暖化現象了嗎？

A 根據中央氣象局百年以來的觀測數據，
臺灣確實有逐漸增溫的趨勢。

 最近幾年，臺灣的夏天高溫屢屢衝破氣象紀錄，酷暑
日變多了，但冬天卻讓人感覺愈來愈不冷。

1950～2016年臺灣各地每日高溫≧35℃的日數統計圖

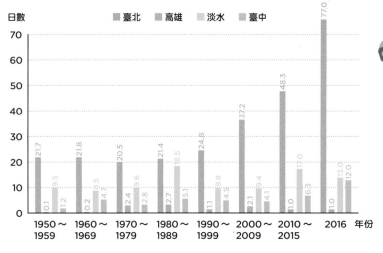

從統計圖可發現，臺北酷暑日的增加趨勢非常明顯。到了**2016年**，臺北測站全年已有**77天**高溫超過**35℃**，打破自1897年以來的氣象紀錄。

1950～2016年臺灣各地每日低溫≦14℃的日數統計圖

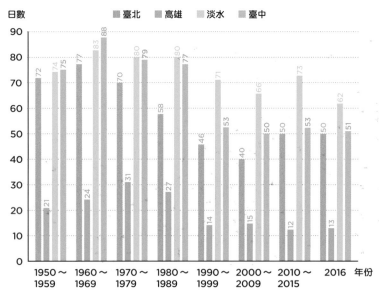

 臺灣各地的寒冷日正在逐年減少中。**2016年**更是**百年以來最暖的冬天**，臺北低溫小於**14℃**的日數只有**50天**、小於**12℃**的日數更只有**4天**。

Q98 為什麼高溫紀錄特別容易出現在臺北呢？

A 因為臺北市的綠地少、建築又密集，容易出現「都市熱島效應」而飆高溫。

 臺北是高度開發的大都市裡，有密集的建築物和道路，會吸收過多的太陽熱能，又有大量的交通工具和空調系統，製造更多的熱能，讓炎熱的天氣變得更熱，這就是「都市熱島效應」。

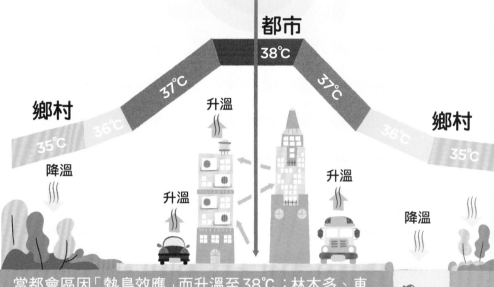

當都會區因「熱島效應」而升溫至38℃；林木多、車少、連建築也少的鄉村，只有35℃，較為涼爽。

Q99 除了溫度變高以外，臺灣的氣候還出現了哪些變化呢？

A 臺灣的下大雨的日子變多、下小雨的日子卻變少，乾旱或水災的頻率也隨之增加。

 近幾年來，臺灣經常在短時間內就降下非常強的降雨，導致颱風季或梅雨季的淹水災情頻傳；但中南部在冬、春兩季，又常因不下雨而傳出缺水旱象。

 2009年莫拉克颱風來襲時，就為南部山區帶來近3000毫米的雨量，意即三天內就把全年總雨量下完，所以才會造成嚴重災情。圖為當時屏東縣林邊鄉泡在洪水中的景象。

Q100 全球暖化的影響這麼嚴重，該怎麼減緩地球升溫呢？

 人們必須降低溫室氣體的排放量，才能避免暖化的現象繼續惡化。

不浪費食物
減少廚餘量

減少牛廢氣污染
甲烷與二氧化碳

多吃蔬食
少吃牛肉

食

多吃在地
農作物

減少汽車運送
過程產生的污染

平常生活就可以多注意，每個人都有機會成為幫助地球降溫、減緩暖化的節能減碳高手喔！

育樂

減少消費過度
包裝的商品

買東西
自備購物袋

旅行時自備
牙刷、牙膏、毛巾

本書與十二年國民基本教育自然領域課綱學習內容對應表

氣象科學與所有人的生活習習相關，並具備眾多跨領域知識的整合，期待孩子能將書中內容應用在日常生活的天氣觀察，並與學校課程相互配搭，必可得到收穫滿滿的閱讀與探究樂趣。

國民小學教育階段中年級（3～4年級）

課綱主題	跨科概念	能力指標編碼及主要內容	本書對應內容
自然界的組成與特性	物質與能量（INa）	INa-Ⅱ-4 物質的形態會因溫度的不同而改變	雨、雪、冰雹：P28、29
		INa-Ⅱ-5 太陽照射、物質燃燒和摩擦等可以使溫度升高，運用測量的方法可以知道溫度高低	測量溫度：P22、23
	系統與尺度（INc）	INc-Ⅱ-2 生活中常見的測量單位與度量	測量溫度：P22、23 測量雨量：P83
		INc-Ⅱ-5 水和空氣可以傳送動力讓物體移動	沙塵暴、空污：P86～89
		INc-Ⅱ-6 水有三態變化及毛細現象	雨、雪、冰雹：P28、29
自然界的現象、規律與作用	改變與穩定（INd）	INd-Ⅱ-4 空氣流動產生風	風：P34～37
		INd-Ⅱ-6 一年四季氣溫會有所變化，天氣也會有所不同。氣象報告可以讓我們知道天氣的可能變化	四季：P42 氣象預報：P72～83
		INd-Ⅱ-7 天氣預報常用雨量、溫度、風向、風速等資料來表達天氣狀態，這些資料可以使用適當儀器測得	測量溫度：P22、23 測量風向：P34 測量雨量：P83
自然界的永續發展	科學與生活（INf）	INf-Ⅱ-4 季節的變化與人類生活的關係	四季：P42、43
		INf-Ⅱ-5 人類活動對環境造成影響	沙塵暴、空污、酸雨、暖化、極端天氣：P84～103
	資源與永續性（INg）	INg-Ⅱ-2 地球資源永續可結合日常生活中低碳與節水方法做起	節能減碳、減緩暖化：P104、105
		INg-Ⅱ-3 可利用垃圾減量、資源回收、節約能源等方法來保護環境	節能減碳、減緩暖化：P104、105

國民小學教育階段高年級（5~6年級）

課綱主題	跨科概念	能力指標編碼及主要內容	本書對應內容
自然界的組成與特性	物質與能量（INa）	INa-Ⅲ-4 空氣由各種不同氣體所組成，空氣具有熱脹冷縮的性質。氣體無一定的形狀與體積	溫室氣體：P97
	系統與尺度（INc）	INa-Ⅲ-8 熱由高溫處往低溫傳播，傳播的方式有傳導、對流和輻射，生活中運用不同的方法保溫與散熱	風的對流：P34～37 空氣對流：P39
		INc-Ⅲ-12 地球上的水存在於大氣、海洋、湖泊與地下中	雲：P17～21 雨、雪、冰雹：P28、29 午後雷陣雨：P49 颱風：P56
		INc-Ⅲ-13 日出日落時間與位置在不同季節會不同	夏冬晝長不同：P43
	改變與穩定（INd）	INd-Ⅲ-7 天氣圖上用高、低氣壓、鋒面、颱風等符號來表示天氣現象，並認識其天氣變化	天氣圖、天氣符號：P76、77
		INd-Ⅲ-11 海水的流動會影響天氣與氣候的變化。氣溫下降時水氣凝結為雲和霧或昇華為霜、雪	聖嬰現象與反聖嬰現象：P94、95 雲：P17～21 霧：P27 雨、雪、冰雹：P28、29
	交互作用（INe）	INe-Ⅲ-7 陽光是由不同色光組成。	天空顏色改變：P12、13 虹與霓：P14、15
自然界的永續發展	科學與生活（INf）	INf-Ⅲ-5 臺灣的主要天然災害之認識及防災避難	颱風：P56～67 龍捲風：P68～71
自然界的永續發展	資源與永續性（INg）	INg-Ⅲ-4 人類的活動會造成氣候變遷，加劇對生態與環境的影響	沙塵暴、空污、酸雨、暖化、極端天氣：P84～103
		INg-Ⅲ-7 人類行為的改變可以減緩氣候變遷所造成的衝擊與影響	節能減碳、減緩暖化：P104、105

國民中學教育階段（7～9年級）

主題	次主題	能力指標編碼及主要內容	本書對應內容
能量的形態與流動（B）	溫度與熱量（Bb）	Bb-Ⅳ-3　由於物體溫度的不同所造成的能量傳遞稱為熱；熱具有從高溫處傳到低溫處的趨勢	風的對流：P34～37 空氣對流：P39
		Bb-Ⅳ-6　熱的傳播方式包含傳導、對流與輻射。熱輻射是某種型式的電磁波	溫室效應：P97
物質系統（E）	氣體（Ec）	Ec-Ⅳ-1　大氣壓力是因為大氣層中空氣的重量所造成	氣壓：P38、39
		Ec-Ⅳ-2　定溫下、定量氣體在密閉容器內，其壓力與體積的定性關係	密封袋至山上會膨脹：P38
地球環境（F）	組成地球的物質（Fa）	Fa-Ⅳ-1　地球具有大氣圈、水圈和岩石圈	大氣層：P12、13
變動的地球（I）	天氣與氣候變化（Ib）	Ib-Ⅳ-1　氣團是性質均勻的大型空氣團塊，性質各有不同	冷暖氣團、滯留鋒：P47、48 冷氣團：P52
		Ib-Ⅳ-2　氣壓差會造成空氣的流動而產生風	風：P34～37　高低氣壓：P39
		Ib-Ⅳ-3　由於地球自轉的關係會造成高、低氣壓空氣的旋轉	颱風的旋轉方向：P59
		Ib-Ⅳ-4　鋒面是性質不同的氣團之交界面，會產生各種天氣變化	鋒面、滯留鋒：P47、48
		Ib-Ⅳ-5　臺灣的災變天氣包括颱風、梅雨、寒潮、乾旱等現象	梅雨：P48　寒流：P52、53 颱風：P56～67
		Ib-Ⅳ-6　臺灣秋冬季受東北季風影響，夏季受西南季風影響，造成各地氣溫、風向和降水的季節性差異。	季風、東北季風、西南季風：P44～46
	海水的運動（Ic）	Ib-Ⅳ-2　海流對陸地的氣候會產生影響	聖嬰現象、反聖嬰現象：P94、95
	晝夜與季節（Id）	Ib-Ⅳ-1　夏季白天較長，冬季黑夜較長	夏冬晝長不同：P43
		Ib-Ⅳ-3　地球的四季主要是因為地球自轉軸傾斜於地球公轉軌道面而造成	四季：P42
自然界的現象與交互作用（K）	波動、光與聲音（Ka）	Ka-Ⅳ-9　陽光經過三稜鏡可以分散成各種色光	陽光散射：P12
科學、科技、社會與人文（M）	天然災害與防治（Md）	Md-Ⅳ-2　颱風主要發生在7-9月，並容易造成生命財產的損失	颱風季：P57
		Md-Ⅳ-3　颱風會帶來狂風、豪雨及暴潮等災害	颱風：P56～67
	環境污染與防治（Me）	Me-Ⅳ-3　空氣品質與空氣污染的種類、來源與一般防治方法	沙塵暴、空污：P86～89
		Me-Ⅳ-4　溫室氣體與全球暖化	溫室氣體、暖化：P96、97
資源與永續發展（N）	永續發展與資源的利用（Na）	Na-Ⅳ-2　生活中節約能源的方法	節能減碳：P104、105
		Na-Ⅳ-3　環境品質繫於資源的永續利用與維持生態平衡	節能減碳、減緩暖化：P104、105
		Na-Ⅳ-4　資源使用的5R：減量、抗拒誘惑、重複使用、回收與再生	節能減碳：P104、105
	氣候變遷之影響與調適（Nb）	Nb-Ⅳ-2　氣候變遷產生的衝擊有海平面上升、全球暖化、異常降水等現象	氣候變遷影響：P100～103
		Nb-Ⅳ-3　因應氣候變遷的方法有減緩與調適	減緩暖化：P104、105
全球氣候變遷與調適（跨科議題）	能量的形態與轉換（Ba） 溫度與熱量（Bb） 生態系中能量的流動與轉換（Bd） 生物與環境的交互作用（Lb） 科學、技術與社會的互動關係（Ma） 環境污染與防治（Me） 氣候變遷之影響與調適（Nb）	INg-Ⅳ-2　大氣組成中的變動氣體，有些是溫室氣體	溫室氣體：P97
		INg-Ⅳ-3　不同物質受熱後，其溫度的變化可能不同	陸海受熱不同：P35
		INg-Ⅳ-5　生物活動會改變環境，環境改變之後也會影響生物活動	沙塵暴、空污、酸雨、暖化、極端天氣：P84～103
		INg-Ⅳ-7　溫室氣體與全球暖化的關係	暖化、溫室氣體：P96、97
		INg-Ⅳ-8　氣候變遷產生的衝擊是全球性的	暖化、氣候變遷、極端天氣：P96～103
		INg-Ⅳ-9　因應氣候變遷的方法，主要有減緩與調適兩種途逕。	節能減碳、減緩暖化：P104、105

索引 （依筆畫、字數、注音順序排列）

參考資料

書籍

《Meteorology Today：An Introduction to Weather, Climate, and the Environment》（Brooks-cole）
《The Weather Book：An Easy-to-Understand Guide to the USA's Weather》（Vintage Books）
《ふしぎと発見がいっぱい！理科のお話366（PHPお話366シリーズ）》（PHP研究所）
《天気・地球のなぞ21（毎日小学生新聞マンガで理科きょうのなぜ？）》（偕成社）

網站

中央氣象局　https：//www.cwb.gov.tw/
行政院環境保護署　https：//www.epa.gov.tw/
天氣風險管理開發公司　https：//www.weatherrisk.com/
國立臺灣科學教育館　https：//www.ntsec.gov.tw/
國立自然科學博物館　http：//www.nmns.edu.tw/
國立海洋科技博物館　https：//www.nmmst.gov.tw/
臺北市立天文科學教育館　http：//www.tam.gov.taipei/
日本氣象廳　http：//www.jma.go.jp/jma/
日本氣象協會　https：//tenki.jp/
美國國家海洋暨大氣總署　http：//www.noaa.gov/
美國國家航空暨太空總署　https：//www.nasa.gov/
聯合國政府間氣候變化專業委員會　http：//www.ipcc.ch/
聯合國政府間氣候變化專業委員會—第五次氣候變遷評估報告（IPCC AR5）　http：//www.ipcc.ch/report/ar5/wg1/

作繪者簡介

天氣風險管理開發公司　作者
成立於2003年，為臺灣第一家民間氣象公司，並領有全臺第一張企業氣象預報證照，擁有獨立預報天氣的能力。公司內有一群充滿活力的年輕人，努力推動臺灣的氣象產業，目前已將氣象資料成功應用於防災、企業風險管理、氣象經濟、氣候評估、媒體傳播及環境教育等服務。

彭啟明　總監修
國立中央大學大氣物理研究所博士，現任天氣風險管理開發公司總經理，大愛電視臺氣象主播，國立中央大學兼任助理教授。專長在氣候變遷、大氣化學及風險管理。期盼自己和天氣風險公司能做更多一點肩負起社會公民、甚至地球公民的責任，因此致力於氣象傳播及環境教育，並推動臺灣的資料開放。

賈新興　文字協力
國立臺灣大學大氣科學研究所博士，現為天氣風險公司氣象總監，曾任中央氣象局長期預報課課長。2015年臺灣《氣象法》修正後，為全臺第一位取得「災害性天氣預報許可證」的氣象人員。當飛官是小時候的夢想，只是單純地想從軍報國，沒想到竟成了從事天氣和氣候預報的賈博士，原來人生比天氣更難預期呀！

簡瑋靚　文字協力
國立中央大學大氣物理研究所碩士，現為天氣風險公司氣象分析師，Yahoo「一分鐘報氣象」氣象主播。從小喜歡和家人一起躺在草地上看雲，高中歷經納莉颱風造成臺北大淹水後立志要念大氣科學，希望《天氣100百問　最強圖解X超酷實驗：破解一百個不可思議的氣象秘密》能讓更多孩子認識氣象、愛上氣象、應用氣象。

陳彥伶　繪者
畢業於紐約普瑞特藝術大學。作品曾獲得兒童文學牧笛獎、入圍信誼幼兒文學獎。喜歡老鼠，喜歡書，喜歡風和日麗能曬棉被的日子。畫完這本氣象百科，終於可以準確的看天氣的臉色，決定洗衣服的時刻！

〇〇少年知識家

天氣100問

最強圖解×超酷實驗
破解一百個不可思議的氣象祕密

作者	天氣風險管理開發公司
繪者	陳彥伶
總監修	彭啟明
文字協力	賈新興、簡瑋靚
責任編輯	林欣靜
美術設計	TODAY STUDIO
行銷企劃	陳雅婷、劉盈萱

天下雜誌群創辦人	殷允芃
董事長兼執行長	何琦瑜
媒體暨產品事業群	
總經理	游玉雪
副總經理	林彥傑
總編輯	林欣靜
行銷總監	林育菁
版權主任	何晨瑋、黃微真

出版者	親子天下股份有限公司
地址	台北市104建國北路一段96號4樓
電話	（02）2509-2800　**傳真**　（02）2509-2462
網址	www.parenting.com.tw
讀者服務專線	（02）2662-0332　週一～週五：09：00～17：30
讀者服務傳真	（02）2662-6048
客服信箱	parenting@cw.com.tw
法律顧問	台英國際商務法律事務所・羅明通律師
製版印刷	中原造像股份有限公司
總經銷	大和圖書有限公司　**電話**　（02）8990-2588

出版日期	2018年5月　第一版第一次印行
	2023年11月　第一版第十八次印行
定價	480元
書號	BKKKC092P
ISBN	978-957-9095-64-8（精裝）

國家圖書館出版品預行編目資料

天氣100問：最強圖解×超酷實驗　破解一百
個不可思議的氣象祕密/天氣風險管理開發公司
文；　陳彥伶圖. -- 第一版. -- 臺北市：親子天
下，2018 . 05　112面；　21X29.7　公分
ISBN 978-957-9095-64-8（精裝）
1.氣象　2.問題集

380.22　　　　　　　　　107005693

本書照片除有特別標示，均出自Shutterstock圖
庫。氣象資料及各項統計除有特別標示，均出自中
央氣象局。

訂購服務

親子天下Shopping	shopping.parenting.com.tw
海外・大量訂購	parenting@cw.com.tw
書香花園	台北市建國北路二段6巷11號　**電話**　（02）2506-1635
劃撥帳號	50331356 親子天下股份有限公司

立即購買 >